西方生命美学经典名著导读丛书

南京大学美学与文化
传播研究中心
主编

欲望与解放

德勒兹、加塔利《反俄狄浦斯》导读

王琦 陈琛
著

江苏凤凰文艺出版社
JIANGSU PHOENIX LITERATURE AND
ART PUBLISHING

图书在版编目（CIP）数据

欲望与解放：德勒兹、加塔利《反俄狄浦斯》导读 / 王琦，陈琛著. -- 南京：江苏凤凰文艺出版社，2025.8
（西方生命美学经典名著导读丛书）
ISBN 978-7-5594-8367-6

Ⅰ. ①欲… Ⅱ. ①王… ②陈… Ⅲ. ①精神分析－研究 Ⅳ. ①B84-065

中国国家版本馆CIP数据核字（2024）第010823号

欲望与解放：
德勒兹、加塔利《反俄狄浦斯》导读

王琦　陈琛　著

出 版 人	张在健
责任编辑	孙金荣
责任印制	杨　丹
出版发行	江苏凤凰文艺出版社
	南京市中央路165号，邮编：210009
网　　址	http://www.jswenyi.com
印　　刷	苏州市越洋印刷有限公司
开　　本	787毫米×1092毫米　1/32
印　　张	8.375
字　　数	185千字
版　　次	2025年8月第1版
印　　次	2025年8月第1次印刷
书　　号	ISBN 978-7-5594-8367-6
定　　价	48.00元

江苏凤凰文艺版图书凡印刷、装订错误，可向出版社调换，联系电话 025-83280257

目 录

前言 ··· 1
第一章 《反俄狄浦斯》的背景 ······················· 7
哲学家 ·· 10
政治激进分子-精神分析师 ······························ 18
第二章 欲望机器及其诸概念 ·························· 35
欲望机器 ··· 38
 作为匮乏(lack/manque)的欲望 ··················· 39
 能动的欲望 ·· 43
 主体与主体性 ·· 45
 那么,机器是什么? ···································· 48
两个重要概念:无器官的身体和部分客体 ············ 55
 无器官的身体 ·· 55
 部分客体 ·· 68
欲望生产与社会生产? ··································· 74
第三章 欲望生产及其综合 ······························· 77
欲望生产及其三种综合 ·································· 83
 第一综合:连接性综合(生产的生产) ·············· 87
 第二综合:析取性综合/记录的生产 ················ 98
 第三综合:合取性综合/消费-完满的生产 ········ 112
精神分析的五个谬误 ···································· 131

第四章　欲望机制的历史谱系学 ············· 133

原始人 ············· 137
- 原始辖域机器 ············· 137
- 亲族关系和联姻关系 ············· 139
- 原始债务形式 ············· 143
- 辖域机器的表象 ············· 152

野蛮人 ············· 154
- 野蛮专制机器 ············· 154
- 原型国家 ············· 157
- 乱伦与禁忌、法律与僭越、书写与阐释 ············· 162
- 野蛮表象或帝国表象 ············· 170

文明人 ············· 171
- 文明化资本机器 ············· 171
- 资本主义出现的充分条件 ············· 172
- 新式亲族关系和新式联盟关系 ············· 175
- 公理化 ············· 181
- 资本主义的符号机制 ············· 189
- 文明化资本机器的表象 ············· 196

第五章　分裂分析的可能性与任务 ············· 206

分裂分析的可能性 ············· 210
分裂分析的批判性任务 ············· 218
分裂分析的建设性任务 ············· 233
- 第一个建设性任务 ············· 235
- 第二个建设性任务 ············· 243

后记 ············· 255

前　言

《资本主义与精神分裂(第一卷)：反俄狄浦斯》(*Capitalisme et Schizophrénie 1: L'anti-Œdipe*)(以下简称《反俄狄浦斯》)是法国哲学家吉尔·德勒兹(Gilles Deleuze)与法国精神分析师兼政治哲学家菲利克斯·加塔利(Félix Guattari)合作出版的第一本著作,它是"资本主义与精神分裂"(*Capitalisme et Schizophrénie*)两卷本出版计划的第一卷,法文原版于1972年首次出版,英文版于1983年出版,第二卷为《千高原》(*Milles Plateaux*)。这两本书对结构主义、政治哲学、社会理论、精神分析、艺术理论、语言学和符号学等诸多领域的深入探讨对法国乃至整个世界范围内理论界产生了重大的影响。但两卷呈现出不同的风貌,《反俄狄浦斯》由于对精神分析理论直接且尖锐的批判以及对政治和对社会问题马克思主义式的关切,往往被看作一本"革命之书";而通过"高原"这一隐喻和"根茎(rhizome)"式思维以更加晦涩的语言广泛地论及不同主题的《千高原》则展示了德勒兹与加塔利愈加成熟的思想成果。在某种程度上,《千高原》中着力强调的"根茎"可以被看作《反俄狄浦斯》所提出的"分裂分析"理论在多个领域的具体应用,这也导致《反俄狄浦斯》相比于大放异彩的《千高原》总是显得无人问津,甚至处在被遗忘的边缘。比如,《千高原》总是频繁出现在文学理论和艺术理论研究的必读书目之中,读者们习惯于把它当作一瞥两位作者思想的直接窗口;反观《反俄狄浦斯》却鲜有如此殊荣。又或者,《千高原》早在2010年就有中译本,可时至今日,中文世界的读者们仍在苦苦盼望《反俄狄浦斯》译本的正式面世。

当然,《千高原》的流行在一定程度上可以归因于艺术与文学问题在德勒兹和加塔利那里比起政治问题占据着更大比重。不仅紧接着《反俄狄浦斯》面世的是1975年出版的论卡夫卡的《卡夫卡:为了一种少数文学》(*Kafka: pour une littérature mineure*),而且德勒兹自己更是热衷于将哲学的思辨和艺术的感受性融为一体,如1964年分析法国作家马塞尔·普鲁斯特的《普鲁斯特与符号》(*Proust et signes*),1981年谈论英国画家弗朗西斯·培根的《感觉的逻辑》(*Logique du sensation*)等等。但实际上,对文学的兴趣和感受在《反俄狄浦斯》并未缺席,而《千高原》也不乏对政治问题的关注。文艺学界对《千高原》的偏爱全盘归因于作者的侧重点差异,其实反而忽视了《反俄狄浦斯》作为基础性著作的独特价值,况且这种偏爱实际上是由学科偏好所导致的。反之,恰恰相反,《反俄狄浦斯》对多个概念的颠覆性解读都对《千高原》中心议题的理解起着关键作用,也就是说,我们可以把《反俄狄浦斯》看作《千高原》的理论基础,少了这些背景知识,对两人思想的理解不仅会有困难和局限,甚至产生偏差与误读。简单地说,《反俄狄浦斯》主要的目标是"破",而《千高原》意在"立",但如果不理清如何"破",恐怕也很难深入地玩味在立题的过程中与其他理论之间刻意保持的距离。

那么,《反俄狄浦斯》所着力想要强调的是什么呢?首先,从书名"反—俄狄浦斯"可以直观地看出德勒兹和加塔利是将精神分析理论,或更具体地说是将精神分析对欲望的理解作为主要批判对象。传统精神分析遵循弗洛伊德的理论,强调欲望的匮乏本性,认为欲望都是被构建出来的,因此人们必须要认识并且服从欲望自身的特定规律,才能够控制住欲望这头洪水猛兽。与此相反,德勒兹和加塔利在行文中着重强调的"分裂分析"则是意在表明欲望的生产性,即指出欲望本身催生的是能动的塑造作用,而其所代表的那种难以预测和控制的冲动表现正是旺盛的生命力表现出来的最积极的诉求,并非如精神分析所言是威胁个人和社会正常状态的破坏性力量。并且提出匮乏不是欲望的本质属性,只是欲望所处的一种状态,正是因为能够满足欲望的东西被社会从人们那里拿走,匮乏才会出现。我们可以看到,两派的观点形成了鲜明对立。而德勒兹和加塔利的观点必然走向对自19世纪末以来整个人类精神结构理解的颠倒。这也就是为什么"欲望"概念会成为《反俄狄浦斯》的核心论题之一。其次,德勒兹和加塔利指出,精神分析以匮乏来规定欲望的这种做法不仅在个体的心理领域造成了一定的消极后果,还把个体领域、家庭领域和社会领域分离开来,这种分离进一步导致了欲望在社会领域内的压抑。所以,在他们看来,精神分析这种思想体制实际上同作为政治体制的资本主义制度高度同谋:资本主义在社会的公共领域内施行细致入微和无孔不入的经济控制,而在家庭这个私人化领域内通过精神分析来实行思想洗脑,所以精神分析实际上恰恰导致了欲望的压抑和约束。由此,毋宁说欲望概念就是解决现代社会症候的钥匙。最后,德勒兹和加塔利强调"分裂分析"对欲望概念的再解读必然会导向对整个社会本质和人类存在方式的重新理解。因此,《反俄狄浦斯》意在达到的是被压抑欲望的"解放"。这也就是为何我们用"欲望与解放"作为本导读的题目。

以上三点是《反俄狄浦斯》的主要理路,当然我们不希望读者仅仅意识到这些泛泛而谈的总结,而是能够通过对文本的了解与掌握来理解德勒兹和加塔利诸多概念之间的逻辑关系和问题导向,比如,欲望为什么能够与解放关联起来?欲望为什么就是解放?欲望如何能够做到解放?等等。如此一来,在错综的原文本基础上深入其内部进行重新梳理——通过单独理解各个概念的内涵以及各个概念之间的关系来展现德勒兹和加塔利将"欲望"与"解放"连接起来并且用其作为反对精神分析和资本主义方式的具体做法,就也是导读的核心目标。本导读大致遵循原书的结构形式。《反俄狄浦斯》共有四章,本导读在原书的基础上加了一章,也即是将对两位作者的生平和《反俄狄浦斯》面世的思想背景作简要介绍作为第一章。之后的第二到五章分别大致对应于《反俄狄浦斯》的第一到四章,通过重构两位作者的论证来对不同的具体问题加以阐释。具体而言,第二章"欲望机器及其诸概念"介绍了理解《反俄狄浦斯》的核心概念"机器""欲望"以及"欲望机器"所需的背景性知识,有助于从大体上把握德勒兹和加塔利的基本思想方式与精神分析理论之间的根本差异。第三章"欲望生产及其综合"介绍了德勒兹和加塔利所说的复合欲望机器在生产过程中的运行方式,即三种不同的综合方式:连接性综合、析取性综合和合取性综合。根据不同的理解方式,综合既可能保持着自身自由联合式的内在性分裂式思维,又有可能走向一种超越的排除化,并使得精神分析式的思维模式得以可能。第四章"欲望机器的历史谱系"集中探讨《反俄狄浦斯》第三章中所论及的"欲望的历史谱系学"。德勒兹和加塔利将欲望的历史发展总结为三个阶段,即原始辖域机器、野蛮专制机器和文明化资本机器。每一种社会机器都以不同的方式约束欲望,塑造了不同的社会关系,并且呈现出不同的表象模式。最后一章"分裂分析的可能性与目标"处理分裂分析本身的问题。分裂分析指出欲望的自由流动和无预设状态是欲望的本质,但这个本质被以往对欲望直接且暴力的压迫掩盖了,正是现代资本主义体制对欲望灵活的管控和塑造释放出分裂分析的可能性。在此,德勒兹和加塔利强调分裂分析的斗争对象及分裂分析能够做什么,并且进一步限定了欲望之解放的范围。除主要内容外,本导读还包括前言和后记。前言正如这段文字所展示的,意在简要介绍《反俄狄浦斯》的地位、版本和主要内容,并且介绍导读的基本结构以及主要目标。后记对导读的核心议题——亦即"欲望与解放"的含义作一个纲领式的总结。

在我们看来,导读最重要的是在保证理论理解不出现差错的前提下,尽可能以容易接受的方式向初学者展示原书的主要内容,所以我们尽量使用平实的语言和生动的例子来"转译"原作者那些晦涩难懂的概念和充满隐喻和文字游戏的语词,力求让那本洋洋洒洒四百余页的思想实验显得平易近人,不脱离人们的实际生活。不过,理解主要概念和理论目标同样重要,而且对理论书籍的介绍万不可脱离特定的知识领域和理论语境,因为如果读者确实通过导读理解了全书的目的,但在回过头去真正阅读文本的时候却无法重构论证的思路并且深切体会作为抓手的概念在整个论证系统中所起到的批判、过渡和建构作用,这种泛泛的理解在我们看来即使不是错误的,那么至少也是不足的。完全将理论日常化和生活化同样会削弱一本学术导读的价值和意义,因此本导读同样注重对不可或缺的理论背景的简要介绍和哲学思想的内部解析,这有时甚至是以对原文的特定概念和语句做注释性的解读为前提的,因为导读最终的目的是帮助读者更好地进入原文。这样,对于一个概念,我们希望读者既能够从一个形象化的角度来切身地理解,又能够不脱离德勒兹和加塔利的理论系统进行理解;既能脱下哲学概念的神秘外衣,戳破夸夸其谈的知识垄断,又不至于走到一种彻底"祛魅"的程度,把这些精妙的概念仅仅当作故弄玄虚的语词游戏打发掉,而是将这些概念的来源奠基到对日常生活最基本的反思上;既能够理解一个概念说的是什么,又能够理解一个概念为什么被提出来,为什么被这样提出,以及能够起到什么作用。当然,学理的严谨性和生动性之间的平衡是难以完美把握的,有时为了论证一个概念,就不得不让语言再度被哲学所要求的佶屈聱牙和理论所决定的那些细微差别所规定的晦涩难懂所绑架,而有时为了生动地呈现一个概念,试图选取一个生活中易于构想的例子以通达理解,便不得不冒着产生误解和偏差的风险。况且德勒兹和加塔利的思想本就艰深复杂,旁征博引的写作方式和恣意跳脱的语言风格更是使得理解的"彻底"和"清晰"成为难以企及的蓝图,当然,人们可以说思想清楚明白的特性本就是为他们所推崇的分裂分析或根茎式思想所拒斥的幻觉,但如果我们以这样的借口大言不惭地为自己辩护,那难免有推脱和撇清责任之嫌。拙著浅陋,虽力保理论思想之严密与正确性,但我们深知自身才疏学浅,定有力所不逮所造成的疏漏之处,敬请方家指正。

第一章 《反俄狄浦斯》的背景

菲利克斯·加塔利第一次与吉尔·德勒兹见面是在1969年。两人的共友,让-皮埃尔·米亚尔(Jean-Pierre Muyard)促成了两人的相遇。米亚尔积极投身于当时法国激烈的政治运动当中,并在实验性临床疗养机构拉博德(La Borde,直译为边界)进行实践。在革命同志和同为精神病学领域研究同好的让-克劳德·波列克(Jean-Claude Polack)的邀请下,米亚尔在1964年举办的一场研讨会上第一次见到了加塔利,而加塔利当时正是拉博德的灵魂人物。与此同时,米亚尔对哲学兴趣颇浓,他曾经上过德勒兹在里昂大学开设的课程,也对德勒兹的《萨克-马索克介绍》(*Présentation de Sacher-Masoch*)赞不绝口。在1969年6月,米亚尔开车载着加塔利和当时同为拉博德一员的弗朗索瓦·富凯(François Fourquet)前往德勒兹处于利穆赞区的家,这次见面开启了德勒兹和加塔利从计划撰写《反俄狄浦斯》一直到加塔利逝世这段长达二十余年的合作。

虽然直到这时两人才第一次见面,但在此之前对彼此的名字却绝非陌生。加塔利作为一名促成、参与并领导了五月风暴部分事件的政治积极分子早已"声名狼藉";并且他以精神分析师的身份写下的名为"机器与结构"(*Machine et structure*)的论文,不仅引用了德勒兹分别于1968年首次出版的《差异与重复》(*Différence et répétition*)和1969年首次出版的《意义的逻辑》

(*Logique du sens*),后来更是成为两人友谊结晶《反俄狄浦斯》的重要理论来源之一。而德勒兹在这两本书之外,已出版了一系列广受好评的哲学史专著,也通过了博士论文答辩,不可不说为当时法国思想界炙手可热的新星之一。实际上,两人在尚未谋面之前就已经以通信建立了初步的友谊,表达了对各自的欣赏以及对各自研究领域的浓厚兴趣。彼时,加塔利正在经历相当程度的写作障碍,加之拉博德疗养院各项事务缠身,苦恼于将自己的理论思考顺畅地转化为文字。加塔利在信里向德勒兹坦承了这一点,将自己的文章附上,并毫不吝啬地表达了对其工作的赞赏,透露了希望尽早当面结识的期盼。与此同时,通过博士论文答辩的德勒兹正在寻求表达和发展自己哲学思想的新形式,而加塔利极具创造性的思想方式和理论激情极大地吸引了德勒兹,其精神分析的理论背景和在拉博德疗养院丰富的实践经验与当时深陷于精神分析不能自拔的德勒兹不谋而合。如此看来,两人是那么的互补,那么的惺惺相惜,日后的合作简直显得过分顺利和理所当然。

然而实际情况却并非如此。与其说是命中注定,德勒兹和加塔利的相识相知不如说是出于一系列的偶然。米亚尔最终决定介绍两人见面,并非简单出于对两人的欣赏,更直接的原因却是米亚尔当时几近无法忍受加塔利在拉博德进行人员管理时展示出的那种过分的政治积极性——不断地解散旧组织成立新组织,如同陷入疯狂。在他看来,当务之急是分散他的注意力,让他冷静下来。[1](IL 2)而对于德勒兹而言,尽管当时对精神分析

---

[1] François Dosse. *Gilles Deleuze and Félix Guattari: Intersecting Lives*. New York: Columbia University Press, 2010. p.2.

兴趣十足，却在此之前并未在精神分析研究领域听说过加塔利，因为加塔利当时尚未有任何重要文章发表。1969年在巴黎弗洛伊德学派进行演讲的文本《机器与结构》，由于被拉康雪藏直到1972年，即《反俄狄浦斯》出版的同一年，才得以发表。对于加塔利来说，尽管他对这位哲学家的理论兴趣盎然，不过此前也只是阅读过他的专著，而对其他方面不甚了解。虽然是加塔利先向德勒兹写信迈出了两人关系的第一步，提议合作的却是德勒兹。即使我们将这些前置的限定条件抛开，也很难想象一位正统学术界的哲学家会与一位精神分析师和政治行动者碰撞出如此耀眼的火花，以至于在思想界掀起持续至今的波澜。他们的生活方式与人生轨迹简直是天差地别，几乎来自两个完全不同的世界：一方沉浸于哲学史的精细考据，在学院的讲堂中打磨概念，另一方则奔走于精神病院与街头斗争之间，试图将理论化作现实行动；一个是属于学术体制的正统研究者，一个是离经叛道的反抗者。然而，他们正是在这种看似不可能的结合之中共同塑造了一种新的思想方式，一种超越传统学科界限的创造性哲学实践，并且对思想界造成了重大且持久的影响。尽管友情往往是偶然的产物，不受任何客观条件和筛选机制的限制，我们仍不免对这两个人各自的成长经历和思想历程感到好奇，也为两个人各自为合作带来的独异之处感到着迷。虽然我们无法确认在两人合作出版的文本中清晰分辨出不同部分对应的究竟是谁的手笔，但我们仍想在那种绚丽夺目而且雷霆万钧的风格化写作中辨认出独属于两个人的痕迹。毕竟《反俄狄浦斯》的作者是两个人，且并不能被化简为一个个体，而是保留了各自特点的一群人(a crowd)。

哲学家

吉尔·路易·勒内·德勒兹生于 1925 年,是路易·德勒兹(Louis Deleuze)和奥黛特·加玛穆尔(Odette Camaüer)的第二个孩子。他的哥哥乔治·德勒兹(Georges Deleuze)参加抵抗运动被德军俘虏,并牺牲于被送往集中营的路上。父母骄傲地将乔治看作一个革命烈士,这让小儿子认为自己受到了轻视,并且活在作为战争英雄的哥哥的阴影之下。德勒兹的家庭是一个具有右翼倾向的中产阶级家庭,父亲支持民族主义政党火十字团(Croix de feu),和德国法西斯一样厌恶犹太人,母亲则对工人阶级充满鄙视和厌恶,将他们看作瘟疫。然而在这种家庭环境之下成长的德勒兹非但没有受到他们政治立场的影响,反而开始厌恶起这种自视甚高的资产阶级生活与思想方式。远远称不上幸福的童年生活不仅使得德勒兹对保守主义的政治倾向反感,更加倾向于探索自由且积极的思想方式,也让德勒兹从很早开始就能够客观地审视家庭给人带来的影响。

在德勒兹的高中时期,皮埃尔·哈布瓦赫(Pierre Halbwachs)对他产生了深远的影响。皮埃尔是著名的社会学家和哲学家莫里斯·哈布瓦赫(Maurice Halbwachs)之子,由于健康原因,免于兵役,在德勒兹就读的高中担任文学教师。与皮埃尔的交往将德勒兹引向了文学的殿堂,他痴迷于文学的奇妙世界,对文学的兴趣几乎伴随了他的整个学术生涯,并且在多本著作中清晰可见。1941 年,德勒兹的好友,未来的小说家米歇尔·图尼埃(Michel Tournier)将德勒兹带到莫里斯·德·冈迪亚克(Maurice de Gandiac)的哲学课堂上,这开启了德勒兹的哲学之旅，而冈迪亚克正是德勒兹博士论文的指导老师。不久之后，德勒兹就在哲学领域展现出惊人的领悟能力和创造力。1943年，德勒兹在高中的最后一年在一名叫作维亚尔（Vial）老师的班上学习哲学，而隔壁班的老师正是莫里斯·梅洛-庞蒂（Maurice Merleau-Ponty）。德勒兹对哲学概念和问题理解深刻，与当时的著名哲学家交谈时表达清晰、从容自若，令他的好友和同学感到无比震惊和无地自容。

在1945年通过会考（baccalaureate）之后，德勒兹在文科预备班接受费迪南·阿尔吉耶（Ferdinand Alquié）和让·伊波利特（Jean Hyppolite）的教导。在巴黎高师入学考试失败之后，德勒兹前往索邦大学求学，修读乔治·康吉莱姆（Georges Canguilhem）、加斯东·巴什拉（Gaston Bachelard）、让·瓦尔（Jean Wahl）、马夏尔·戈胡（Martial Guéroult）和冈迪亚克等人的课程。这些著名的哲学家都对德勒兹哲学思想的形成产生了巨大的影响，特别是这些老师讲授的课程内容都与德勒兹早期进行的哲学史研究的对象有着极大关系。1948年，德勒兹顺利通过高中教师招聘会考（agrégation），以高中教师的身份开始了教学生涯，后来在1957年至1960年间在索邦大学担任哲学史助理教授。德勒兹的教学为他带来了极大的成功，他对哲学史上陈旧的概念进行极具个人特色的天才般的再阐释，使它们焕发生机；旁征博引、深入浅出又富有魔力的教学风格和他恰到好处的个人魅力使得他在学生中间大受欢迎，教室总是座无虚席。

但令人艳羡的成功的背后，德勒兹同样受到了难以喘息的束缚。无论是讲授高中还是大学里的哲学史，阅读材料和讲授范围都被严格限定，备课的压力迫使他只能研读正统哲学家的经典著作，这使他越来越难以忍受，尤其是在那个哲学史在整个哲学学科乃至人文学科研究中的地位和角色正被质疑的年代。德勒兹的回应是用一种极具创造性的方式来解读哲学史上的重要哲学家,这同样也体现在他对哲学史理解和教授的风格中。但德勒兹绝非是通过扭曲哲学家的思想来做到这一点的,而是利用哲学家自己的文本,将哲学体系重构为一个以问题为中心的有机体系。在德勒兹看来,哲学不是由一个个抽象的概念构成的,并非是这样一种观念:认为仅仅满足于简单的概念对比和分析,了解了每一个概念之间的细微差异和概念之间的关系,就可以说自己对哲学史有充分的了解。如果说一个哲学家可以由自己提出来的某个概念所代表,那不是因为概念的精细或复杂程度足以反映某一个哲学家理性思维的深邃,或是与另一个哲学家相比因为更加复杂或者细致而代表着人类思想的进步,而是因为概念首先是一个重要问题的解决。一个概念如果没有与之相应的问题就失去了其根基,而表面上相似的概念之间的比较也只会沦为抽象的空谈。可以想象,"概念解释"或"名词解释"这类题目在德勒兹看来一定是完全无意义的,因为就算一个人可以完整地背下概念的定义,他或她仍有可能是完全不理解这个概念。这里涉及的不是单纯的记忆与理解的差别,而是表面理解与真正理解之间的区别。只有从哲学家发现并且试图回答的问题出发,概念才能在一个有机的思维体系中发挥本来的作用,从这个角度来看,理解一个概念从来不是去问一个概念是什么,而是去问一个哲学家想用这个概念做什么。德勒兹就是这样做的,从问题出发,尝试给出最忠于哲学家本来想法的解读,尽管有些时候概念只是揭示了问题的存在,并未能够完全解答或解决问题。德勒兹就这样倒转了问题与解决方案之间的重要性关系,他自己后来将这种理解或重新理解哲学史的方法称为"鸡奸"或"无玷始胎","来到哲学家的背后,使其生子,那是他的儿子,是畸形儿。那确实是他的儿子。"[①]这种强调与他人"共同思考"而非将他人当作对象思考的哲学方式不仅体现在德勒兹与加塔利的合作中,在早期专著中就已经清晰可见。

1953 年到 1967 年间,德勒兹出版了六本专著,其中包括四本哲学史专著和两本讨论文学问题的专著。这些作品为德勒兹赢得了相当可观的声誉,再考虑到成功且极具吸引力的课程为他在学生和哲学爱好者群体中积累的广泛影响力,德勒兹无疑是当时法国学术界冉冉升起的新星之一。德勒兹的学生,记者克莱尔·帕尔奈后来对德勒兹访谈时打趣道,当时德勒兹的名声甚至要比他博士论文答辩委员会的成员还要大[②],而负责德勒兹博士论文答辩的是冈迪亚克和阿尔吉耶这些彼时早已有较高声誉和地位的哲学家。不过,当时德勒兹已与伊波利特和阿尔吉耶因为哲学观念上的冲突关系破裂,考虑到德勒兹不拘一格的研究风格和对传统哲学问题以及研究方法的反抗,这一切也显得情有可原。由于身体原因,德勒兹的答辩推迟到 1969 年,他也因此成为五月风暴过后第一批进行博士论文答辩的学者之一。顺利通过答辩获得博士学位后,德勒兹拿到了位于万森纳的巴黎第八大学的终身教职。

如果说之前的哲学史专著都只是对单一哲学家和问题的另类解读,德勒兹国家博士论文的主论文《差异与重复》就代表了

[①] 吉尔·德勒兹、克莱尔·帕尔奈:《对话》,董树宝译,河南大学出版社,2019年,第9页。

[②] François Dosse. *Gilles Deleuze and Félix Guattari: Intersecting Lives*. New York: Columbia University Press, 2010. p.35.

德勒兹初次试图将哲学史上的概念当作材料建构自己哲学体系的尝试。在这篇论文中德勒兹将"差异"作为核心概念重新激活哲学史。在他看来，传统的哲学形式往往属于表象哲学，它们将差异附属于重复，使得差异成为同一性的附庸；而真正的差异应该凭借自身的独特性来衡量，拒绝被化约为可比较的简单不同或者极端的矛盾与对立。副论文《斯宾诺莎与表现问题》(*Spinoza et le problème de l'expression*)则对实体、属性和样态之间动态展开的表现主义式解读，也以差异的生产性和优先性作为第一要义。1969年出版的《意义的逻辑》是德勒兹表达自己哲学观点的又一次尝试。从语言学、文学和精神分析多个角度入手，德勒兹论证了意义并非是能够客观分析的对象，而是必须被看作从无意义中根据差异生产出来的结果。

《意义的逻辑》并非是德勒兹第一次涉足精神分析领域，在《差异与重复》的第二章中，德勒兹就已经使用精神分析的术语从另一个角度阐释时间的三种被动综合形式。实际上，德勒兹对精神分析的兴趣可以追溯到更早年间。1955年，年轻的德勒兹就在教课时讨论精神分析中关于性的话题，这在当时是十分勇敢甚至可谓是出格的行为。1961年，在好友科斯塔斯·埃克斯罗斯(Kostas Axelos)的请求下，德勒兹在《论争》杂志(*Arguments*)上发表了名为《从萨克-马索克到受虐狂》(*De Sacher-Masoch au masochisme*)的文章。德勒兹在这篇文章的基础上修改出版了《萨克-马索克介绍》(*Présentation de Sacher-Masoch*)，通过集中对马索克的文本进行分析，揭示了萨德(Sade)所代表的施虐狂和马索克所代表的受虐狂实际上代表了两种截然不同、无法相互通约的心智模式。而当时的精神分析学界普遍将受虐狂看作施虐狂的一个变种，这使得萨德成为炙手可热的研究对象,而马索克却作为一个不甚重要的残影显得籍籍无名。德勒兹在为马索克这位在他心目中同样才华横溢的作家鸣不平的同时(之所以埃克斯罗斯想让德勒兹写一篇有关马索克的研究,是因为他收到的论文大多数都是关于萨德的,而没有一篇讨论马索克),也轻而易举地揭示了精神分析理论的内部缺陷:通过无限制的颠倒和反转,精神分析可以轻松建立两种千差万别的病症之间的相似性。《萨克-马索克介绍》为德勒兹在精神分析的圈子里赚取了名望。拉康不仅对他身边的学生高度赞扬德勒兹在这本小书中呈现出的惊人创造力和破坏力,还在1968—1969年的研讨班中推荐听众去阅读德勒兹不久前出版的《差异与重复》和《意义的逻辑》,虽然某种程度上这是因为拉康更看重自己的学说是德勒兹这两本书的理论来源之一,但能够得到拉康的赏识,对于德勒兹来说自然是一件乐事。尽管长期被迫深陷于哲学史的枯燥研究中,德勒兹还是和大多数法国知识分子一样,密切关注着这位异军突起的思想大师的一举一动。1952—1955年在奥尔良高中教书期间,德勒兹就开设过名为"拉加什[①]/拉康间的对立"的研讨班。《萨克-马索克研究》提到了拉康的三界概念;《差异与重复》援引拉康有关爱伦坡《被窃的信》的研讨班,以及对客体小 a(objet petit a)和菲勒斯(phallus)概念的讨论来说明潜在对象(objet virtuel)和现实对象(objet réel)之间的差异,而潜在对象的概念可以大致被看作《反俄狄浦斯》中部分客体概念的雏形;至于《意义的逻辑》,主人能指在

---

① 丹尼埃尔·拉加什(Daniel Lagache),法国医生、精神分析师,曾在索邦大学担任教授,被视作20世纪法国精神分析的领军人物之一,比如拉康就曾经对拉加什的文章进行过研究。

滑动中的能指链中呈现出的多余(excess)和所指领域表现出来的剩余(lack)同样成为德勒兹所说的生产并调控了意义结构中能指和所指两条序列之间不平衡关系的矛盾元素的理论来源。

总的来说,在遇见加塔利之前,德勒兹自己就开始接触精神分析了,并且在这个阶段与精神分析处于蜜月期,认为精神分析有从现实中分离出事件以及取消主体的优先性地位的潜力。①

---

① 不仅拉康的理论被视为从弗洛伊德对家庭身份的强调中挣脱出来,将精神分析理论抽象化思辨化的解放行为,甚至弗洛伊德的多种理论,比如快乐原则、死亡本能甚至俄狄浦斯情结,也被这个时期的德勒兹转化并接受。例如,在《萨克-马索克介绍》中,在快乐原则指导下的重复被看作差异生产的结果,因为作为重复之束缚(bind)的快乐原则要求使重复结合的爱若斯,或生命本能,而后者又要求使得重复的结合得以可能的塔纳托斯,或死亡本能。小写的死亡本能(以对立与大写的、绝对的、理念性的死亡和否定)必定与生存本能成对出现,并成为其可能性和前提条件。这也就是说,快乐原则是与现实原则(reality principle)有关的现实的原则(actual principle),而死亡本能则是最终使得这一现实的原则得以被应用的先验原则。这样的重复被看作一种先验时间综合的表达,使得"它(时间的先验综合)在时间中同时构成过去、现在和未来。过去、现在和未来在时间中是同时构成的,尽管它们之间存在着质性的或本质的差异,而且过去接续于(succède)现在,而现在接续于未来。"(Gilles Deleuze. *Présentation de Sacher-Masoch*. Paris: Minuit, 1967. p.99.),从而与线性时间所代表的以机械复制为模型的重复形成对立。这种观点与他在《差异与重复》中对第一时间综合即习惯的综合的讨论一致["爱若斯与塔纳托斯的区别就在于:爱若斯应当被重复,它只能在重复中被体验,而正是(作为先验原则的)塔纳托斯将重复给予爱若斯,使爱若斯从属于重复。"(吉尔·德勒兹:《差异与重复》,安靖、张子岳译,华东师范大学出版社,2019 年,第 39 页。)"再一次,我们应当避免将再生之能动性与他所覆盖的重复之受动性混为一谈。兴奋之重复的真正目的是将被动综合提升至一种强力,快感原则及其过去

然而值得注意的是,德勒兹在深入研究精神分析理论的同时,其批判性的怀疑态度也在逐渐增强。尽管《萨德-马索克介绍》广泛借鉴了弗洛伊德的理论,但其最终结论却直接否定了弗洛伊德将施虐狂和受虐狂归为同一病症的观点,而这种做法正显示了精神分析为了将病人的一切心理问题都归结为父母形象——多么武断、简化和片面。

德勒兹的反叛性格不仅体现在学术领域,还展露在政治领域。虽然他并非是热衷于冲上街头亲身参与政治活动的人,但却常常用自己的方式表达对反抗和斗争活动的支持。在1968年运动正酣之时,德勒兹是里昂大学少数对学生运动表示同情和支持的教授,实际上,他甚至是唯一一个公开表示支持运动的哲学系教授。德勒兹不仅在自己的家中装饰旗帜和海报为反抗声援,还帮助参与运动的学生逃脱抓捕。

总而言之,到了1969年,德勒兹已经摆脱了传统哲学史研究的桎梏,并迈出了自由构建自己思想体系的关键一步。这位

和未来的应用都是从这种强力中产生"(同上,第175页。)],并与《意义的逻辑》谈到的纯粹时间即艾甬(Aion)的逻辑相重合。俄狄浦斯情结则被看作是从现实发生的事情中抽象出来的纯粹事件,而非扮演着如同在《反俄狄浦斯》中一样限制性和压抑性的角色;并非表象的固定结构,而是显象或事件,只不过这种显象最终没能避免以悲剧收尾:俄狄浦斯通过调节无意识的内在张力,抵御毁灭冲动呈现为事件的纯粹表面,并铸成各种在现实中出现的情况。"俄狄浦斯是一出悲剧,但应该说这是那种应该把悲剧人物想象为快乐的和无辜的人,而且从一开始做的就是正确的那种情况。通过修复(réparation)而与母亲乱伦,通过追忆(évocation)而对父亲替代,不仅仅是好的意图(因为正是通过俄狄浦斯情结,意图——尤其是道德观念——才诞生的)。"(Gilles Deleuze. *Logique du sens*. Paris: Minuit, 1969. p.239.)

激进的思想探索者、传统哲学的挑战者,刚刚获得了在五月风暴影响下创立的万森纳实验性大学(巴黎第八大学)的终身教职。相较于索邦大学的严谨学风,万森纳提供了一种更加自由、不羁的研究与教学环境。对这股清新的思想空气感到振奋不已的德勒兹早已摩拳擦掌、跃跃欲试,希望将自己在哲学的沉闷苦修中锤炼出的叛逆精神和独特风格,积极且激进地融入法国动荡而充满活力的时代脉搏,并随时准备好投下一枚足以震撼整整一代思想界的"思想炸弹"。

政治激进分子—精神分析师

与加塔利激进的思想与行为相比,德勒兹的反抗似乎显得有点像小打小闹。出生于1930年的皮埃尔-菲利克斯·加塔利是家中最小的孩子,享受着溺爱和自由。这同样是一个保守且传统的家庭,却有着更浓郁的艺术氛围。他的父亲是战争英雄,曾经是火十字团的成员,在历经了一系列波折之后,经营着一家颇为成功的工厂。尽管他从没学过音乐,却可以在钢琴上弹出任何听到的旋律,展现出惊人的艺术天赋。他的母亲同样有着敏锐的艺术感知力,热爱阅读,也是美术馆的常客。浓郁的艺术氛围的熏陶培养了加塔利的兴趣,也让他成为了一个内向且敏感的孩子。由于生意上的事情占据了他父母的大部分时间,加塔利的沉默寡言又让他们颇为担心,他的父母最终决定把加塔利送到诺曼底和爷爷奶奶一起生活,这让加塔利觉得被自己心爱的家人抛弃了。九岁那年加塔利亲眼目睹了爷爷的死亡,巨大的冲击改变了他,这个羞涩腼腆的小孩很快就变成了呼风唤雨的孩子王,展现出组织活动的能力和热情。母亲的控制欲也使他越来越想逃离家庭的管束，追求自己的生活。他在抵抗时期加入地下反抗学生组织，与此同时，法国共产党吸引着他的注意力。

加塔利对哲学充满兴趣，但却因为不确定自己是否适合学习哲学，最终在哥哥的建议下选择修读药学。然而加塔利很快就发现自己对药学的厌恶是正确的，在经历了几年的失败与逃避后，最终决定转到索邦大学学习哲学。索邦大学哲学系学生之间浓厚的政治氛围与加塔利的政治抱负相得益彰，出色的领导才能和管理手段使得他先后成为多个政治组织的关键人物。比如，1948年，他成为托洛茨基主义者，加入了第四共产国际法国分部，其后成为巴黎地区学生组织的领导之一。虽然加塔利成为了法国共产党的党员，但在当时，托洛茨基主义者被法国共产党视作工人阶级的敌人，是处于边缘的危险分子，常常受到攻击和排挤。又比如，加塔利后来参与到政治杂志《共产党之路》(*La Voie Communiste*)的事务中，主要负责处理杂志社团的资金问题。他张扬的行事风格和激进的政治见解不仅为他吸引召集了一大批同僚，也使他成为不少人的眼中钉。

1953年，让·乌里(Jean Oury)买下了当时正在出售的拉博德城堡用以开设拉博德疗养院，延续并推行在圣阿尔班(Saint-Alban)医院由精神病学家弗朗索瓦·托斯凯勒(Francois Tosquelles)所应用的，后来被称为"体制心理治疗"(instituitional psychotherapy)的管理模式。在旧式精神病医院里，医生往往把病人当作需要通过命令、监禁和惩罚的方式严加管控的犯人，医院与其说是治疗精神疾病，不如说是把这些"对社会有危害风险的危险分子"集中管理以将他们从社会隔离。相反，体制心理治疗反对医生与病人之间关系的等级制，强调治疗过程中的跨学科性,主张医生要把病人当作朋友进行平等和深入的了解,构建真实的社会关系,这样才能全身心地关心对方的精神问题,由此反对传统精神分析抽象构建的分析师-分析者的二元关系以及虚伪的"话疗"和文本解读模式。总而言之,体制心理治疗注重医生与病人平等且日常化的交流以及相互理解,以建立一个共同生活、学习和工作的社区为目标。拉博德疗养院在让·乌里的管理下,进一步细化了管理模式。从政治理念来讲,拉博德推行民主集权制,意在构建一个共产主义的乌托邦。机构的日常维护,比如打扫卫生和洗碗等工作由医生和病人轮流进行,员工的薪水也是由实际参与的工作类型和数量来衡量,一切大事小情都通过民主会议由全体成员共同决策,这使得每一个人都以平等的身份积极参与到社区的建立和维护当中来。很快,拉博德疗养院就成为了法国各种先进政治理念的实践场所,它既是代表着反对旧式体制化管理和以去中心化去等级制的平等交往模式为特点的心理治疗的新风向,又是吸引了来自不同领域的众多热爱理论思考又关心社会问题的有志之士的政治乌托邦。

让·乌里是加塔利高中教师费南德·乌里(Fernand Oury)的弟弟,而加塔利参与的地下学生反抗组织正是由费南德领导的。在费南德组织的青年运动集会上,加塔利第一次与让相识。1950年,费南德提议加塔利去当时仍在索姆里精神病诊所担任主管的让,加塔利很快就对让的工作产生了浓厚的兴趣。1955年,加塔利跟随让来到拉博德,由此开始了他终其一生的精神分析师事业。不过,拉博德与加塔利的政治事业同样密不可分,他带领了众多革命青年来到拉博德工作,而正是在拉博德,加塔利得以将他对组织和革命的乌托邦式的激进想法付诸实践。由于他出色的领导能力和管理能力,加塔利很快就成为了拉博德的主心骨——不仅负责拉博德的日常工作安排,确保机构有序而不失自由地运转,还能够出色地应对各种突发事件。不仅如此,尽管加塔利没有受过精神病学方面的专业培训,但他出色的沟通技巧和让人安心的才能与人格魅力还是让他在病人和同僚之间受到欢迎,成为了某种程度上的意见领袖。

1960年,让·乌里与托斯凯勒和其他几个人一同创建了机构心理治疗与社会治疗工作组(GTPSI),为他们心中的精神病学领域的理想理论"体制心理治疗"辩护,加塔利随后加入。GTPSI 的最终目标是构建一个有着独立内在的运行机制和秩序的自组织社区,以此与那种有特定外部法规或规章决定的群体作出区分。加塔利在这一时期发展了自己关于精神病学与政治实践的一系列观点,"横贯性"(transversality)这个概念就是在这时提出的,并在 1964 年在巴黎举办的国际心理剧会议(International Pyschodrama Meeting)上发表。横贯性强调跨越与打破传统的学科和身份界限,促成横跨两个领域的沟通和联合,体现了加塔利对拉博德自由且平等的工作模式的理论化反思。这一概念在《反俄狄浦斯》中同样占据着重要的地位。

加塔利一直与政治活动保持着密切的关系。随着国际局势及法国国内的激烈动荡,法国的政治形势愈发复杂,政见不同的党派之间往往针锋相对、剑拔弩张,经常陷入激烈的争吵和相互敌视的状态之中,即便是那些基本诉求一致的党派内部也会因为理念的细微差异分裂成各个小组。加塔利有着敏锐的政治嗅觉,能够判断党派的政治理念与自己的诉求之间的微妙差异,以此在多个不同的政党小组之间穿梭斡旋。一旦发现群体的政治主张已经由于风云变幻的局势丧失了原有的批判性和斗争性,加塔利就会立即退出，转而寻找或者创建更能代表自己政治倾向的群体，避免让自己陷入抱团取暖、被人牵着鼻子走的境地。他也常常拉拢身边志同道合的同学朋友与自己一同进退。随着1962年阿尔及利亚战争的结束，《共产党之路》完成了自己的历史使命，成员也展现出政治倾向的转变，这让加塔利难以忍受。于是，到了1965年加塔利与《共产党之路》杂志割席，并与之前处于同一战线的托洛茨基主义者分道扬镳，创建了机构研究小组与研究联合会（FGERI），并在随后创立了机构研究、培训与教育中心（CERFI）和《研究》（*Researches*）杂志，来推行加塔利的横贯性概念，用更加新近的理论推进人文学科的研究。这样一个坚持自己想法的政治积极分子，也难免被人当作革命觉悟不坚定的墙头草，或是四处挑事煽动政治情绪的眼中钉。

政治理念绝非加塔利唯一热爱推销的东西。在让·乌里的影响下，加塔利接触到了当时仍未在法国学术圈大红大紫的拉康，他的学说让加塔利十分痴迷，他认为拉康的一系列理论不仅给法国哲学带来了崭新的活力，更是能给予当时在拉博德疗养院作为精神分析师的他取之不尽用之不竭的思想资源。他仔细地阅读了拉康包括镜像阶段、侵凌性和家庭关系研究在内的多篇论文，参加拉康在各处开设的讲座和研讨班，并且向身边的人强力推荐这位新兴的精神导师。当拉康在1964年脱离国际精神分析学会（IPA），创立巴黎弗洛伊德学派时，加塔利就是创立成员之一。加塔利对拉康的痴迷众人皆知，甚至在索邦被人看作是小拉康。在让·乌里和加塔利的影响下，拉博德也成为了拉康理论的重地。每周三拉康开设研讨班的时候，拉博德都会显得"人去楼空"。为了近距离接触这位思想大师，许多成员甚至成为了拉康的病人，这其中就包括让·乌里和加塔利。加塔利总是强调正是拉康对他的分析使得他能够谈论自己的主观经验[①],整体来看,正是在拉博德的实践学习与对拉康理论的研究共同促成了作为精神分析师的加塔利的出现。拉康同样是加塔利哲学思想的重要来源之一。拉康对无意识与语言之间关系的探讨和他对语言学和结构主义的兴趣不谋而合,而拉康在1954—1955年间开设的研讨班则促成了他有关机器概念的构想。这些都是《反俄狄浦斯》和《千高原》的重要理论来源。

尽管加塔利将拉康奉为自己的精神导师,但是他绝非那种循规蹈矩的恭顺学徒,拉康也并没有将这个毛头小子当作自己的心腹。拉康认为加塔利十分聪慧,但并未接纳他进入自己的核心圈层,而是最终选择雅克-阿兰·米勒这个自己未来的女婿成为自己的学术"嫡长子"。加塔利也没有对拉康言听计从,而是不断地在理论方面确立自己同拉康思想之间的不同之处。就"机器"概念而言,虽然加塔利是从拉康的研讨班中获取的灵感,但他却并不认同拉康将无意识简化为一种结构的观点,而是借用德勒兹在《差异与重复》和《意义的逻辑》中提到的概念强调机器与结构的不可通约性,例如说明与静态的结构相比,机器所代表的差异是动态的和生产性的。这一思想上的分歧也引发了一场微妙的学术角力。拉康试图说服加塔利将这篇名为"机器与结构"的论文发表在自己的学术期刊《你能够知道》(*Scilicet*)上,逼迫他在学术冲突中选边站队。面对这场无声的博弈,加塔利最终妥协,不得不从罗兰·巴特(Roland Barthes)主编的期刊《交流》(*Communications*)撤稿。然而,拉康的真正意图并非扶

[①] François Dosse. *Gilles Deleuze and Félix Guattari: Intersecting Lives*. New York: Columbia University Press, 2010. p.71.

持加塔利,而只是确保批判自己的文章不会出现在巴特的期刊上罢了。实际上,拉康从未发表这篇文章。不过,当他得知这位曾被自己疏远的门徒正在与德勒兹合作,并秘密地撰写一本传言将要反对他的理论的新书时,他便立刻试图拉拢加塔利,想要探清这本书的内容是否会对自己构成潜在威胁。不出意料的是,当拉康终于看到《反俄狄浦斯》对自己的批判时,他勃然大怒,与加塔利彻底决裂,并在自己的圈子中四处传播关于加塔利的流言蜚语,试图损毁他的学术声誉。

不久,德勒兹也逐渐从对拉康和精神分析理论的沉迷之中清醒过来。1967年,拉康到里昂演讲,彼时正在里昂教书的德勒兹到火车站恭敬地迎接这位风尘仆仆的思想大师。不过,当时拉康显赫的名声显然已经为他带来了与之匹配的目中无人和鲁莽傲慢。德勒兹在里昂的家中接待了拉康,但这位舟车劳顿的明星显然已经疲于应付社交,不但拒绝了德勒兹的友善的饮酒提议,而且待了十余分钟就声称要回到酒店休息,随后便草草离开。但一到中午,拉康便立马点了一瓶伏特加,直接就喝了大半瓶,餐间还对德勒兹爱搭不理。讲座结束之后,拉康在晚宴上又提出要到德勒兹的家中,德勒兹再次热情地招待了他,他是唯一一个有耐心与这位在座的谜语大师交谈的人。当拉康谄媚地示好以求得一见《反俄狄浦斯》的手稿真容时,德勒兹明确拒绝了这个毫无边界感的无理请求。到了1971年,德勒兹在文森纳的课程上介绍了《反俄狄浦斯》的基本框架,听闻此事的拉康越来越担心自己会受到的批判,便主动邀请德勒兹见面谈谈。德勒兹冷淡回复拉康,认为在电话上交流即可。这段时间,德勒兹将拉康看作瘟疫般的存在。

不过与这些令人发笑的现实冲突比起来,《反俄狄浦斯》对拉康学说的批判还远称不上尖锐。虽然精神分析是《反俄狄浦斯》的最大的批评目标,不过火力中心一直都是弗洛伊德的传统精神分析学说,特别是俄狄浦斯情结的三角结构,但对于弗洛伊德其他有建树的概念发现,比如作为自由能量的力比多,两人还是不偏不倚地给予了高度评价。相比之下,拉康受到的待遇更为暧昧,更多时候被看作弗洛伊德理论的批评者和改革者,他的实在界和主人能指等概念的积极作用都得到了较为公允的评价,德勒兹和加塔利甚至还将拉康评价为所说的那种相对于精神分析的分裂分析的先驱("拉康是第一个将分析领域精神分裂化的人!"①)。不过在他们两人看来,拉康的理论仍旧缺乏真正的批判性,不仅是一次逃离俄狄浦斯情结的失败尝试,反而从更深的层面论证了俄狄浦斯的迷宫是如何难以逃离。值得一提的是,在他们写作《反俄狄浦斯》的时期,理论界和精神病学界都有一股反对和批判精神分析的热潮。其中一股力量是被人称为弗洛伊德-马克思主义学派(Freudian-Marxist)的学者,其代表人有威廉·赖希(William Reich)和赫伯特·马尔库塞(Herbert Marcuse)。弗洛伊德-马克思主义学派受到马克思主义哲学和弗洛伊德精神分析理论的共同影响,试图用马克思主义将弗洛伊德学派的应用范围扩展到社会经济领域,从无意识、意识与压抑的关系解读社会和文化结构。另一股力量则是在当时可以被归为反精神病学派(anti-psychiatry)的精神病学家,其代表人包括大卫·库珀(David Copper)和隆纳·大卫·连恩(Ronald

---

① Gilles Deleuze & Félix Guattari. *Capitalisme et Schizophrénie: L'anti-Œdipe*. Paris: Minuit, 1972. p.435. 下文引用本书均使用简写 AO 并注明页码。

David Laing)。反精神病学认为,精神病学对病人的危害远大于其所能提供的帮助,并且反对体制式的精神治疗。从呼吁打破医生与病人之间的明确界限这一点来看,拉博德的理念与反精神病学不谋而合,而从呼吁取消一切体制化的精神病治疗这一点上来看,反精神病学比拉博德的体制心理治疗还要激进。《反俄狄浦斯》大量引用这些人的观点,认为他们的理论代表了某种对精神分析的突破,但同样认为他们缺乏真正的革命性,很重要的一个原因就是他们没有真正承认欲望生产与社会生产本质上的一致。① 相反,分裂分析所代表的真正的唯物主义精神病学则能够将欲望生产视作社会的基础结构,将社会生产看作欲望生产直接生产的宏观结果,从而避免了在欲望生产和社会生产中引入不必要的转换和过渡。

此时受到攻击和反思的不只有精神分析,还有在五十、六十年代如日中天的结构主义。结构主义从索绪尔的语言学理论中得到启发,认为语言、心灵乃至社会的本质都是一套整体的结构系统,系统中每个项的意义不是单独被决定的,而是通过与其他项的差异关系和相互作用决定的。因此,只有透过表面现象,发现在背后决定着诸现象元素的完整、普遍且不变的系统结构,才

---

① 一方面,"即使是反精神病学的基本假设——最终指出社会异化与精神异化本质上的同一性——也必须从被维持的家庭主义的角度来理解,而非从驳斥家庭主义的角度来理解"(AO 113),另一方面,"如果说赖希在提出'为什么群众渴望法西斯主义?'这一最深刻的问题的同时,却满足于用意识形态、主观性、非理性、否定性以及受抑制状态来回答,那是因为他仍然受制于一套派生出来的概念,这使他无法实现他梦想中的唯物主义精神病学,使他无法理解欲望如何构成基础结构(infra-structure),最终将他困在客观与主观的二元对立之中"。(AO 412 - 413)

能达到真正的理解。克洛德·列维-施特劳斯(Claude Lévi-Strauss)的结构主义人类学、路易·阿尔都塞(Louis Pierre Althusser)的结构主义马克思主义、巴特的结构主义符号学以及拉康的结构主义精神分析都是这个时期最著名的代表。德勒兹和加塔利都曾深入地研究过结构主义,但后来均逐步转向对结构主义的批判。德勒兹写于1968年的文章《如何辨识结构主义》[①]就将结构称为差异化的动态运作,加塔利的文章更可以被看作从对原来所受的结构主义语言学的影响中挣脱出来。在《反俄狄浦斯》中,他们援引多个领域的研究,实际意在击溃结构主义自诩为真理的那种冷漠、客观与公正。例如,米歇尔·卡特里(Michel Cartry)和阿尔弗雷德·阿德勒(Alfred Adler)发表的有关非洲多贡族(Dogon)神话体系的研究揭示了俄狄浦斯结构完全没有用武之地,这个特例揭示了结构主义人类学方法应用的局限,也是外在界限。皮埃尔·克拉斯特(Pierre Clastres)、马赛尔·格里奥尔(Marcel Griaule)、迈耶·福蒂斯(Meyer Fortes)等人的研究也都说明了,首要的不是在众多不同的部落文化中找到相同的结构,或者说是把一个不变的结构套用到百花齐放形态不一的风俗习惯上,而是被结构的概括和抽象掩盖了的每种文化的习俗传统呈现出来的独特性和动态性。俄狄浦斯情结所代表的人类文化的本质结构与其说是原因,不如说是阐释的结果。再比如说,丹麦语言学家路易·叶姆斯列夫(Louis Hjelmslev)对表达和内容相互决定关系的解释被用来反

---

① 出版于1972年,后收录于《〈荒岛〉及其他文本》中,见吉尔·德勒兹:《〈荒岛〉及其他文本》,大卫·拉普雅德编,董树宝、胡新宇、曹伟嘉译,南京大学出版社,2018年。

对索绪尔有关能指和所指之间一致性的观点等等。

《反俄狄浦斯》常常被看作一本革命之书,这不仅因为德勒兹和加塔利试图借用马克思主义和其他学科的概念来革传统精神分析方法的命,并尝试用他们自己所提倡的分子无意识和分裂分析来超越这些方法的限制,更彻底地解放欲望,更是因为《反俄狄浦斯》可以被看作对五月风暴所作的一场理论回应。这场人类历史上最庞大的群众运动之一是如此自由、如此开放又如此混乱,在巴黎乃至其他城市的各街区发生的动乱都是如此自发且难以预测,或许从来就不存在一个能够被称之为五月风暴的政治事件,唯一能够勉强称之为指导方针的就只是人们对社会和政府的不满以及为自身权益的斗争。任何试图从单一角度将五月风暴进行描述和定义的尝试都力所不逮。人们越是想要钻进这场历史事件的内部,想要重构或者重温每一场斗争的微观样貌,就越是发现在艺术家和学生之间,学生和工人之间,乃至陷在斗争最前线的各个学生群体之间,都很难称得上存在任何形式的同一性,斗争的现实性和紧迫性使得情势瞬息万变,从而使得这个激烈地孕育着自身的政治事件的意义拒绝任何形式的简单概括和理解。这使得这场对法国历史乃至世界历史产生了决定性影响的学生运动不过是德勒兹所说的"事件"的一个完美例子,"从身体中逸散出的微弱的无形薄雾,一层毫无体积的薄膜包裹着它们,一面映照它们的镜子,一块按照计划组织它们的棋盘"[①],作为"五月风暴"的事件就是漂浮在真实发生的局部物理冲突和历史事实之上的那难以把握和捕捉的空灵整体。与其说德勒兹和加塔利在这本于1969年紧随五月学潮的革命

---

① Gilles Deleuze. *Logique du sens*. Paris: Minuit, 1969. p.20.

之书写作过程中预见或者参透了这种自发学生运动的本质,不如说是二战后法国紧绷的国内情势自身预示了冲突的爆发。政府和学生组织以及学生组织之间频繁的冲突和政治操作体现的暗中角力早已使得浓重的火药味渗透在社会各个角落,就像厄运的黑暗预兆一样,真正的大型冲突早已箭在弦上,一触即发。就连长期身处风暴中心操弄风暴的加塔利也不免为这种自发性自组织反抗运动的大规模涌现代表的难以控制的浪潮所淹没。"加塔利同样为这些事件的自发性感到惊奇和目瞪口呆。当'五月风暴'爆发时,我感觉自己仿佛行走在空中[……]完全没有预料到这一切的发生,也完全没有理解其中的意义。过了几天,我才逐渐意识到到底发生了什么。"[1]

不过,虽然说《反俄狄浦斯》是一本试图回应革命的理论著作,但是它并未继续以传统斗争方式来理解革命乃至试图指导革命。这很明显地是受到了五月风暴那种去中心化的局部临时斗争形势的启示和难以捉摸难以整合的性质的影响。在全书的末尾,德勒兹和加塔利明确指出,分子革命或者分裂分析不会提供任何政治纲领,也不能为任何政治程序提供引导,而是专注于解放每个人的欲望生产,从而造就在日常生活微观领域之中的革命。在他们看来,革命不是为了用一个政权去替代另外一个政权,造成权力的更迭和利益的交替,而是简单地瓦解压迫性的权力系统,使欲望的生产性本性得以恢复。虽然这种观点一方面能够通过揭穿资本主义和精神分析的谎言,让每个人能够从思想上摆脱对欲望的体制性压迫,重新审视自己的生活方式,驱

---

[1] François Dosse. *Gilles Deleuze and Félix Guattari: Intersecting Lives*. New York: Columbia University Press, 2010. p.171.

散在每个人那里潜藏着的微型法西斯主义倾向,但从另一个角度来讲,这种革命方式无法直接解决社会中存在的各种政治、经济和阶级问题,对于一个有志于通过斗争改变社会的人来说,甚至会显得像经过理论美化的自我安慰,这也就是为什么《反俄狄浦斯》在出版之后,被有些人看作是"右翼之书",乃至称其是对革命的背离。但是在德勒兹和加塔利看来,资本主义的统治并非仅仅依靠经济制度或阶级压迫,而同样也通过压制欲望和操纵利益来巩固和强化自己的统治。因此,如果革命仅仅停留在对特定群体的利益分配提出质疑,而不去触及利益本身作为资本主义机器的运作方式,那么这种斗争最终仍会落入资本主义的陷阱,不仅无法真正颠覆资本主义,反而会成为其自我调节和增强控制力的手段。而坚持欲望与利益之间的不可化约性,是进行彻底革命的唯一途径。我们必须看到,德勒兹和加塔利所坚持的这种微观欲望革命从某种角度上来说与共产主义是有共同之处的——它们都指向对既有经济、政治和社会秩序的超越,强调对现存社会结构的根本性变革。

《反俄狄浦斯》的理论框架和目标在两人 1969 年的通信中就已然显露。在 6 月 19 日寄给德勒兹的信中,加塔利写到了机器与工业社会之间的关系;6 月 25 日的信中加塔利提到了资本主义与精神分裂之间的关联。另一方面,德勒兹的回信中对精神分析家庭主义的批判、机器以及反生产这些概念表现出浓厚的兴趣,在德勒兹 7 月 16 日寄给加塔利的信中,对俄狄浦斯三角化进行批判的主题就已经明确下来了。说到《反俄狄浦斯》整本书的写作过程,那是非常有趣的。与人们想象的传统合作方式不同,两人几乎一周只见一次面,而写作大部分时间是以信件的形式完成的。德勒兹要求加塔利每天把自己想到的概念以大纲的形式写出来寄给他,然后再在大纲的基础上进行写作,也就是说,加塔利提供他极具创造力的新奇思想,而德勒兹在这个过程中显得更像一个职业写手。这样的写作方式持续了差不多两年。1971年8月,德勒兹和加塔利与家人一同来到土伦对手稿进行最后的商议和修改,整个过程长达四个月,最终于12月31日定稿。1972年3月,《反俄狄浦斯》正式出版。

尽管两人的合作迸发出耀眼夺目的思想火花,这一合作过程却并非一直都是和谐愉快的,尤其是对于加塔利而言,他陷入了深深的自我怀疑。加塔利虽然有出色的概念创造力,但却对自己不够自信。1969年,德勒兹曾向自己的学生表示考虑将同加塔利的来信集结出版,加塔利知道之后表示反对,认为那将是一场"了不起的骗局"[1]。在《反俄狄浦斯》即将出版之际,加塔利陷入深深的焦虑,觉得自己天马行空地提出了那些近乎是不切实际的花哨概念,如今竟然真的要出版了,便不免得对自己要承担起来的责任感到不安。"我觉得这跟闹着玩似的。就像要出版这本日记一样。真扯淡!"[2]他也被德勒兹深邃的思想和出色的写作能力所折服,这种钦佩同样转化为焦虑,尤其是考虑到这本书基本是由德勒兹写成的,自己只是提供一些最初的概念和想法,他感觉自己被德勒兹的才能和名誉甩得很远,自己的存在被德勒兹的光芒盖过去了。"在《反俄狄浦斯》中我看不到自己。我需要停止试图追赶吉尔的影子,也需要摆脱他赋予这本

---

[1] François Dosse. *Gilles Deleuze and Félix Guattari: Intersecting Lives*. New York: Columbia University Press, 2010. p.4.
[2] Félix Guattari. *The Anti-Oedipus Papers*. Los Angeles: Semiotext(e), 2006. p.400.

书最终可能性的那种精巧的完美。"[1]另一方面,德勒兹总是把他们的合作描述为两人同时进行的工作,而非简单的通力合作,他认为加塔利是不可或缺的,他是一个发掘思想的钻石矿工,而自己则仅仅是一个对这些闪光的思想进行修饰的抛光工人。后来他倾向于把他们的合作方式称为双重窃取(double-vol)、双重捕获(double capture)或非平行演变(evolution a-parallèl)[2],以强调两人独特的思想步调、能量和强度各自对《反俄狄浦斯》做出的贡献,从这个角度看,《反俄狄浦斯》的文本应该被看作一个充满不平稳能量的涌动和突增的能量场,充满了不确定的冲突和暂时和解。不过德勒兹的确承认,与自己受到的关注相比,无论是人们的夸赞或是毫不留情的抨击,加塔利似乎隐身了——"人们把你抹去,还让我变得抽象。"[3]

实际上,这是我们最应该避免的做法。就像我们不应该执迷于辨别是他们两人之中的谁写了哪一段一样,我们也不能将《反俄狄浦斯》看作哲学家德勒兹一个人的著作,将它"去加塔利化",就好像第一作者把这名义上的第二作者吃干抹净,以至于加塔利就像他自己担忧的那样,被看作一个不外乎是提供了一些概念,与书的写作过程无关的局外人。确实,德勒兹提供了哲学史的知识和严密的论证逻辑,他让尼采和马克思成为了论证底层逻辑的主角,但是,机器、横贯性、欲望生产与社会生产之间

---

[1] François Dosse. *Gilles Deleuze and Félix Guattari: Intersecting Lives*. New York: Columbia University Press, 2010. p.12.

[2] Gilles Deleuze. *Dialogues*. Paris: Flammarion, 2006. p.13.

[3] François Dosse. *Gilles Deleuze and Félix Guattari: Intersecting Lives*. New York: Columbia University Press, 2010. p.4.

的关系、分子无意识等等这些对《反俄狄浦斯》的论述起到核心作用的概念,无一不是源自加塔利自己对政治以及精神治疗实践和对精神分析理论的独特反思。没有这些概念,可以说很难想象德勒兹如何写出这样一本具有极强冲击力和实验性的著作,德勒兹也不会如此彻底且快速地转向对精神分析的进一步批判。同样,如果没有德勒兹,我们也很难设想这些概念会以如此思辨和容贯的方式呈现出来。他们之间礼貌到过于客气的那种朋友关系(他们一生基本都用"您"而非"你"相互称呼)正是他们友谊可能性的条件,因为正是两人之间巨大的差异以及对这种差异的尊重使得这段友谊能够热烈且持久。对于他们两人来说,如果友谊仅仅是一种和平相处的状态,而没有异见、冲突和差异这些让两人各自以不同的方式向前推进的动力,那么即便友谊的产生并非不可能,也是没有意义的,因为这样的友谊就只是寻找能够给自己拍马屁的人,固化自己已有的想法从而抱团取暖罢了,更应该被称为服从或迁就。人们无法特意维持一段友谊,也自然无法为了维持友谊去拒绝争吵或者无视问题,正相反,摩擦或者全然共鸣的失败是友谊的必要条件,人们只能在毫无顾忌的矛盾、争吵与和解之后,发现两人之间那最深厚的纽带仍然存在在那里。这也就是为什么距离是保持友谊的必要条件,因为距离代表着对各自思想、生活和工作独特性的承认与尊重,既非意味着生疏和冷漠,也不意味着死板地固守着自己的差异,因为友谊所划定的是两个人共享的中间地带,需要两个人同时积极地参与进来不断磨合,是一种绝妙的调频,一种懒散的弥散和融合,而非一方对另一方的掌控、同化或入侵,或者对这种入侵的拒绝。

德勒兹和加塔利在这段思想界最为传奇的合作关系中共

存,相互影响、相互学习、相互借鉴,却无法相互替代或者变成对方。这就如同《千高原》之中兰花与蜜蜂之间的关系,他们相互影响的方式就在于,允许自己被对方影响,给予对方对自己造成影响的权力,允许对方成为自己所处环境的一部分,并潜移默化地为彼此带来改变的契机,因为影响并非模仿或者教导,而是互相散发着思想之线、思想之分子,带来那些转瞬即逝却又蕴含着巨大能量的思想爆发,而每个人在这个过程中都仅仅是一个主体-位置,或一个临时且易转变的主体点,是由难以感知的能量交换结成并转变的能量束。这正是"生成"的精髓。

是的,《反俄狄浦斯》是德勒兹和加塔利的一种汇流,这个由两条河流汇聚而成的第三条河流共同容纳了两者之间的差异性,允许这些差异相互自由且难以预测地产生作用,这也就是为什么"两个人就称得上是人数众多"了,因为这本书不是某一个人写的,而是由两人共享的中间地带的思想洋流之涌动留下的深浅不一的痕迹,"我们中的任何一人都已然成了形形色色的其他人,这本书早已挤得密密麻麻了"[1]。只有这样,我们才能不将加塔利的那句话理解为对德勒兹的生疏和割席,而是看作对他们两人之间这种难以简化的深厚友情的最高评价:"吉尔是我的朋友,但不是我的哥们(pal)。"[2](IL 10)

---

[1] François Dosse. *Gilles Deleuze and Félix Guattari: Intersecting Lives*. New York: Columbia University Press, 2010. p.51.
[2] ibid. p.4.

第二章　欲望机器及其诸概念

《反俄狄浦斯》以一段意义不明的论述开篇,初遇它的读者会直接陷入混乱:

> 它在所有地方运作,有时运行平稳,有时断断续续。它在呼吸,发热,进食。它在拉屎,也在性交。从前把它叫作本我,是多大的错误啊。到处都是机器,机器的机器——这完全不是在隐喻层面上说的——以及它们的耦合和连接。(AO 7)

这段话会让我们产生许多疑问,而最大的疑问就是,"它"是什么?全书以一个代词开篇,但没有提供任何明确该代词指代何物的语境。从后文对它的论述来看,"它"指的是机器;从统领文本的大标题和小标题来看,它是一种特殊的机器,即关系到欲望生产(desiring-production/production désirante)的欲望机器(desiring machine/machine désirante)。那么什么是机器?什么是欲望?什么是欲望机器?欲望和生产又是什么关系呢?我们难免产生这些疑问,因为目前看来这些描述和我们通常对欲望的理解完全不沾边。怀揣这些问题,我们继续向下阅读,祈求文本会给我们答案,但接下来的内容只会让我们更加不解:

> 一架器官-机器被插入一架源头-机器；一个生产流，另一个进行截断。乳房是一架产奶机器，而作为机器的嘴耦合于其上。厌食症患者的嘴在进食机器、肛门机器、说话机器和呼吸机器（哮喘发作了）间徘徊不定。

看来机器、欲望、生产、流、切断等概念之间联系密切，但这段话仍然没有给我们提供任何有助理解的信息。继续向下读，狡黠地等待读者的是作家布纳克尔及其笔下人物兰兹（Lenz），施瑞勃法官和他的精神分析事例，光合作用和塞缪尔·贝克特笔下的人物，如此种种。心烦意乱的读者不禁尖叫：德勒兹和加塔利到底想做什么？

相信这是很多人初读这本书时的真实写照。在 1972 年首次出版的五十余年后，《反俄狄浦斯》这种独特的行文方式和概念介绍仍然会对读者造成如此大的困难，不难想象这本"严肃的哲学书"对当时的法国思想界造成了多大的冲击。正如我们所看到的，德勒兹和加塔利喜欢用晦涩的语言来阐述自己的思想，旁征博引各种例子来进行辅助论证，而且他们常常默认读者早已熟知这些例子。这两重"恶习"导致任何不熟悉德勒兹和加塔利思想的人都很难进入他们的体系之中，更别说弄清一股脑儿扔出来的概念之间的区别了。《反俄狄浦斯》的开篇经常被研究者拿来举例说明德勒兹和加塔利两人晦涩的语言风格。首先，他们很爱以一种游戏的方式使用语言。这当然是因为他们认为语言不应该服从于言语行动之外并高于言语行为本身的超验意义，不过也与他们对文学语言的偏好有关，因为文学语言能够对语言形式进行试验，并通过创造性使用对官方语言进行抵抗和解构。在文本第一段里埋藏的语言游戏在中文和英语都很难发现,但是在法语中,这个代词"它"(it/ça)和其中提到的本我(the id/le ça)其实是一个词,因此,在一开始他们就隐含了对精神分析做法的不满:"它"并不是如弗洛伊德的人格地形学所说,是处在晦暗质地难以浮现的本我,而是在所有地方真实运作着的机器。其次,他们不喜欢直接对概念下定义,而是让读者直接遭遇一个概念,再通过大量的描述来进行解释。这种论述方法与它们的哲学思想紧密相关,对于德勒兹和加塔利来说,重要的不是一个东西是什么、意味着什么,而是如何运作、如何产生作用。"不让自己被能指的指派或所指的决定所定义。唯一的问题是如何运作。"(AO 211)《反俄狄浦斯》一书就是这一思想的完美诠释。它的主题虽然是机器,其核心是欲望机器,但却并非机器的说明书,而毋宁说是机器运作模式的实录。为了达成这一点,他们的写作经常从中间开始,没有开端,从而保证让读者在无准备的情况下直接与概念的运作相遇,读者就如同是在拦腰法(in medias res)中被直接置于情境内的角色,没有背景,只有直接的面对和动作。最后,他们会广泛举例来阐述他们的哲学思想,有些是在哲学内部,借其他哲学家之口来推进论证,有些则是来自其他领域,不限于社会学、语言学、历史学,还包括数学、物理学、生物学等等。非常有趣的一点是,他们从不直接表达自己对某个观点的赞成与否,而是用自己的口吻借用其他人的思想,并以一种自由间接引语(indirect discourse)的方式进行论证。这样一来,读者就不得不努力区分叙述者和被引述者之间的区别,以及作者和叙述者之间的微妙差别。种种原因叠加起来,就导致了德勒兹、加塔利,以及德勒兹和加塔利的作品,常常被人打上晦涩难懂,甚至是不可捉摸的标签。

面对这样的一部作品,想要在熟读的基础上通过把文本的各部分建立联系,打通各部分之间的关系来实现理解,显然是困难重重,以他们的语言来理解他们的概念,难度不亚于用谜语来解释谜语,用密码为密码做注解。当然,违背两人的意图,试图用平实的语言为这些概念作定义也是不现实的,更不用提对于两人来说,从来没有一种简单的方式。本书将要做的,就是在介绍各个概念的发展背景和各概念间千丝万缕的联系的基础上,从一个切身的角度去进行解读,尽管《反俄狄浦斯》是一本"严肃的形而上学著作",但它的关切却极其现实,这不仅关照着作为哲学家的德勒兹在其时代的所思所见,更与作为前精神分析师的加塔利从其在拉博德疗养院的临床治疗中意识到的问题有关。正如我们的标题所示,它涉及"欲望与解放",也涉及欲望的解放。而要解放欲望,就意味着重新理解欲望,将它从原来的理解方式中拯救出来,将欲望的能量从匮乏的囚禁中释放出来。具体怎么做呢?德勒兹和加塔利的回答便是将欲望理解为机器,将欲望的作用方式理解为机器的连接、断裂、合并和析取。但机器并不是一个隐喻,"欲望机器"和"欲望生产",正如德勒兹和加塔利所言,要从字面上去理解(it has to be taken literally)。它并非一个抽象的形而上学概念;在欲望的不同阶段存在着不同的机器,在历史的不同阶段存在着不同的机器模式,而我们的解决方案一定是要在我们的时代建立我们的机器。总之,仅仅将欲望理解为欲望机器就能够通向解放,这一点希望读者谨记在心。但具体通过何种方式呢?

欲望机器

欲望应当如同机器一样运作,它自己进行生产。出于术语的混乱和理解的苦难,让我们暂时先把欲望机器和欲望生产画上等号。德勒兹和加塔利认为欲望本就如此,并将其作为分裂分析的主要目标之一,以此对立于精神分析和其将欲望理解为匮乏的观点。不过,在试图阐释欲望机器如何运作之前,应该提供足够的解释来说明为什么德勒兹和加塔利认为提出欲望机器概念是必要的,也就是为什么认为作为匮乏的欲望是不足的。其背景有历史的,同样也有哲学的。

作为匮乏(lack/manque)的欲望

将欲望理解为匮乏,本身就有着源远流长的历史。西方哲学从柏拉图以来对这一观点不加反思的接受表明了欲望自身总是被看成是不完善的,甚至是不能完善的,因为欲望想要的总是自身之外的其他东西,一旦这个东西无法获得,欲望就体现为匮乏,不过就算欲望暂时性得到了满足,它也会继续寻求其他自己得不到的东西;我们甚至可以说,在这种理解之下,欲望不是想要自己得不到的东西,而是不想要本来能够得到的东西。它想要的不是体现为匮乏的某物,而是匮乏本身。因此,人总是对唾手可得的东西置之不理,而总是想要自己没有的东西,贪得无厌。正因欲望又愚笨又贪婪,违背了理性精神,所以为了自身的教化,也为了文明的发展,人总要学会压制和抵制自己的欲望。这种将欲望等同于匮乏的观点不仅认为人本质上受欲望的制约,总是被动的,不知道自己真正想要的是什么;更是把人描绘为一个可怜的存在,一生都在为了满足不可能满足的欲望而奔波费神。

精神分析接受了这一观点,并将其理论化。如果说弗洛伊德在提出俄狄浦斯情结之外还提出了什么重要的理论,那一定非力比多(libido)莫属。通俗来讲,力比多就是原始的欲望,弗洛伊德将其描述为与性欲有本质性关联的本能力量。力比多总是要寻求发泄,被倾注到某物或某件事情上,就像欲望总是寻求着能够满足自己的对象。然而就其原始本性而言,力比多的倾注总是指向性对象,总是寻求欲望直接而本能的发泄,这对于现代文明社会来讲是无法接受的。因此,弗洛伊德认为,力比多属于无意识(unconsciousness)领域,它原始,并由此野蛮而暴力,常常与我们的意识——也就是我们直接接触到的那部分思维内容,同时也是那些正常的、可接受的思维模式,产生正面冲突。于是,为了每个人的心智健全,也为了社会的秩序和文明的安全得到保障,意识必须压抑无意识,就如同文明必须压抑本能。文明社会也因此体现为性本能被压抑的社会。不过,既然力比多是一种性冲动,那么它就保有一种创造欲望,这种创造冲动在现代社会中可以通过升华(sublimation)的形式被投注到可接受的创造过程中,比如文学创作、体育运动、社会活动等等。这样,原有的欲望就以一种社会可接受的形式得到满足,但也同时通过一种匮乏的满足形式被压抑了。弗洛伊德认为,这是建立和维持文明和文化必要的牺牲。

这种对欲望的理解同样体现在"俄狄浦斯情结"这一概念中。作为精神分析的代名词之一,俄狄浦斯情结的内容早已为现代人熟知。索福克勒斯的戏剧《俄狄浦斯王》(*Oedipus Rex*)讲述了底比斯王子俄狄浦斯由于各种机缘巧合杀父娶母的故事。在《梦的解析》(*Die Traumdeutung*)中,弗洛伊德发现,在孩子的梦中呈现的孩子父母的许多潜在情感冲突与《俄狄浦斯王》的戏剧呈现存在许多相似之处,也就是说,他认为在潜意识中有一种幻想性的心理戏剧的结构:每个孩子都想杀掉自己的父亲并取而代之，并让自己的母亲成为自己的妻子。俄狄浦斯情结基本上贯穿了弗洛伊德一生的研究，许多之后的研究都是为了解决并完善俄狄浦斯模型。对于弗洛伊德来说，俄狄浦斯情结基本上采取如下模式：在一开始，孩子会幻想与自己同性的父/母的死亡并篡夺其位置，并抢夺异性父/母的所有权；随后，因恐惧被报复，孩子会放弃原有的欲望，接受现实。从前一个环节到后一个环节的过渡在弗洛伊德那里体现为对本我（id）的压抑和超我（superego）的建立，也就是对原始欲望的压制和对秩序的认识和服从。尽管现实的多样性与单一抽象的俄狄浦斯情结之间，以及俄狄浦斯情结对俄狄浦斯故事之间的对应存在多种困难，但弗洛伊德采用创造性的方式进行了种种解释：比如对于一个男孩来说，他的原始欲望是杀父娶母，因为他会幻想和母亲融为一体，而父亲是对这个过程进行干扰的不在场元素，那么他的恐惧就是阉割焦虑（castration anxiety）；而对于女孩来说，她的原始欲望是杀母嫁父，因为虽然她与母亲的生理连接更为密切，因为生理结构的差异，女孩会陷入一种叫作阴茎嫉妒（penis envy）的情结中，并因此陷入对父亲的迷恋，因为父亲拥有自己所没有的东西。这种对阴茎的嫉妒通常被解读为对权力的欲望。所以当男孩在无意识焦虑失去自己已经拥有的东西，即阴茎时，女孩早就已经为自己从未拥有和已经被剥夺（privation）的东西而叹息。我们记得，在《俄狄浦斯王》中，当俄狄浦斯最终通过神谕得知真相时，他因内疚自戳双目。而内疚恰恰在俄狄浦斯情结中同样起到了重要作用，它是儿童发展的过程中将父母去性化的因素之一，正是这种与惩罚对应的对无意识罪行的内疚推动了超我的建立，使心智通过接受社会规则和约束的方式变得成熟。毋庸置疑，俄狄浦斯情结是以男性孩童为主要对象的,对女性孩童而言,俄狄浦斯情结的阐释则作为对立面依附于前者存在。不仅如此,俄狄浦斯情结因单一抽象而赢得的广泛的可应用性反而削弱了理论的可信度。因此,弗洛伊德的很多学生,比如卡尔·荣格(Carl Jung)和梅兰妮·克莱因(Melanie Klein),都用自己的方式重新阐释了俄狄浦斯情结,并对模糊不清的地方进行了补充和修正。尽管如此,就整个精神分析的发展而言,他们始终是在俄狄浦斯的阴影之下打转。俄狄浦斯情结的运作完美地体现了弗雷泽的观点,即,"如果某东西被禁止,那么它是被欲望的。"在精神分析发展的这个高峰上,欲望与匮乏彻底融为一体了。

拉康同样以自己的方式超越了俄狄浦斯情结,欲望作为匮乏的观点在他那里进一步深化,进而达到高峰。为了与传统的精神分析理论划清界限,拉康成立了巴黎弗洛伊德学派,并声称要通过使精神分析进一步抽象化的方式使精神分析更接近哲学而不是经验心理学。通过把自我和意识、主体和无意识对应起来,以及提出想象界、象征界和实在界的三维结构,拉康把在弗洛伊德那里占据着主要地位的俄狄浦斯情结和人格地形学转变为一套妄想症的运作机制。孩子要处理的不再是在家庭的幻想戏剧中出现的再现的父亲和母亲形象,而是母亲代表的自我和他者尚未区分的阶段——即想象界,和父亲代表的外在的绝对秩序、符号系统特别是能指为代表的语言系统——即象征界。虽然从想象界经由镜像阶段进入象征界的方式同样体现了在儿童心理发展中对法则和秩序的肯定和内化,但通过对能指、菲勒斯(Phallus)、三界、镜像阶段等抽象概念的探讨,拉康通过接近形式化摆脱了弗洛伊德具象化的心理剧场,"去神话化"了万能的俄狄浦斯。但与此同时,对抽象形式的认同使得欲望也进一步抽象,欲望不仅仅是通过一系列象征给予、夺取和交换呈现为匮乏,拉康认为欲望直接抽象地等同于匮乏,并给欲望分配了一套自己的运作逻辑。与父亲的名字代表的象征秩序和大他者相对应,欲望的对象被呈现为对象小a(objet petit a),一个狡猾难以捉摸,永远无法得到的欺骗性对象。对象小a虽然自身不能被主体欲望捕获,但总会制造许多虚假的对象并且欺骗主体,告诉他说:"这就是你的欲望!"一旦主体发现这一对象并不是自己真正想要的,就会开始寻找另一个对象来满足自己的欲望,但实际上,欲望本身是不能得到满足的这一点已经被显示在对象小a,也就是欲望本质的运作机制之中了。因此随着精神分析在拉康这里越来越抽象化、形式化、结构化,欲望的匮乏性质逐步被内化了,欲望主体也变成了完全意义上的迷失的、不完整的主体。

能动的欲望

无论是俄狄浦斯情结,还是拉康对俄狄浦斯情结的超越,两种模式中的任何一种都是被匮乏奴役的。从弗洛伊德到拉康,我们只是从一种直接的俄狄浦斯转移为另外一种更加隐秘的俄狄浦斯,即,"俄狄浦斯的不在场被解释为父亲的缺乏,这是系统中的一个空洞;而且,正是凭借这种匮乏,我们到了俄狄浦斯的另一极,也就是在母性的未分化领域中想象的认同这一极。双重约束的法则持续无情地运作,帮我们从一极抛到另外一极,以至于在象征界被弃绝(foreclosed/forclos)的一定会在实在界以幻觉的形式重新出现。"(AO 108)然而,德勒兹和加塔利两人对此持完全相反的态度:欲望不能被等同于匮乏。欲望确实可能表现为和匮乏有某种关系,但是这只有当我们从结果反推欲望的时候才能产生如此阐释,这并不代表欲望真正的运作机制。相反,他们认为,欲望本身什么都不缺,欲望从来都是能动的和主动的。德勒兹深受尼采和斯宾诺莎的影响。尼采认为,欲望是力的体现,是生命力量的表现形式,欲望因此是主动的生产性力量,而它的产物就是现实本身。而斯宾诺莎的欲望观尽管与尼采相比少了一些激情,多了一些理性和冷静,但是也从未与匮乏有着本质性联系。对于斯宾诺莎而言,欲望就是欲求那些能够提升自己的身体行动力量的东西,能够让我们因为生命力量的提升而获得快乐的东西。欲望也就转变为一种提升我们的存在的力量,让我们能够保持存在的努力(conatus)。我们所欲求的东西不是我们缺乏的东西,而是真正符合我们本质的东西,能够让我们成为自己的东西。[1]

即使在两人相遇并且开始真正的合作之前,德勒兹和加塔利就已经开始互相影响。在1969年的巴黎弗洛伊德学派大会上,加塔利作了题为"机器与结构"的会议发言。尽管考虑到当时结构主义在法国思想界如日中天的地位,这个标题很可能暗示机器与结构的并列,或是机器概念能够进一步完善结构概念,加塔利要做的却是用机器这种截然不同的动态概念运作来取代静态的结构主义。这标志了加塔利与自己曾经的导师拉康所采取的高度形式结构化的精神分析思路的进一步决裂。在论述无意识是通过差异性的重复来动态运作而不是通过差异性元素的静态交换来自我构造的观点时,加塔利引用的正是德勒兹的《差

---

[1] 斯宾诺莎:《伦理学》,贺麟译,商务印书馆,1997年,第151页。第三部分,情绪(情动)的界说一:"欲望是人的本质自身,就人的本质被认作为人的任何一个情感所决定而发出某种行为而言。"

异与重复》和《意义的逻辑》。这篇虽名为"机器与结构",但就其内容而言实际应该被称为"机器反对结构"(*Machine Against Structure*)[①]的宣言式演讲标志了德勒兹和加塔利的第一次隔空合作,而这篇文章同样也对德勒兹起到了很大的影响。此外,在他1966—1969年出版的四本书中,有三本(《萨克-马索克介绍》《差异与重复》《意义的逻辑》)都大费笔墨对精神分析进行了深度讨论,而《意义的逻辑》和《差异与重复》也用了不少的篇幅试图调和结构主义。不过,在这段可以称之为德勒兹与精神分析的蜜月期中,他对精神分析的术语更多地采取了警惕和批判的态度。然而,从1969年出版的《意义的逻辑》的"结构事实上是生产非实体性意义的机器"到1972年出版的《反俄狄浦斯》提出一种更加实在的、物质性的机器生产,这三年间德勒兹思想所发生的变化很难说与加塔利无关。这两人,一个为自己抽象的哲学思想寻求更直观的表达,一个试图为自己的实践和反思进一步理论化,最终汇合到反俄狄浦斯中。

主体与主体性

德勒兹和加塔利在欲望与匮乏的密切联系中发现的另一个关键问题是主体的问题。当然,一旦提及欲望,我们自然会认为欲望是主体的欲望。从欲望的状态和满足欲望的行为都由主体施行这一点来看,欲望若不是归诸主体还能是谁的呢?但这种观点很明显依附于对主体性的片面理解。从《经验主义与主体性》到《差异与重复》和《意义的逻辑》,德勒兹一直在不遗余力地

[①] François Dosse. *Gilles Deleuze and Félix Guattari: Intersecting Lives*. New York: Columbia University Press, 2010. p.223.

拆解传统的主体性理论。与一个理性的、整体的、同一的和内在的主体性相反,德勒兹认为主体是构成性的和差异性的,是行为与经验构成的统计性结果,而不是一切思想活动、道德活动和社会活动得以可能的原初起点。加塔利在拉博德疗养院所见到的许多罹患精神疾病的病例也促使他去反思主体概念,大多数病患除了对自己的社会认知以及自身同一性的认知的失调之外没有其他与众人不同的地方。由此,通过对病患的观察加塔利得以在精神分析的主体观中看到了裂隙,他指责拉康过于简单地把主体概念引入精神分析的理论框架中,并过快地将主体等同于象征界、秩序和"知识主体"。并且主体总是一个结果、一个被社会和文明的规训和压抑构建的产物,因此,从来都只有"压抑主体"(subject of repression),而没有欲望主体。因为欲望——原初和主动的生产过程,和主体——次生和被动的生产结果,本质上是矛盾的。

欲望在无意识之中并且以无意识的方式运作,它从未超出过无意识的范畴。在这里,无意识并没有接受精神分析分配给它的价值状态,即一种原始的,并因此是不受约束和危险的,应该被压抑的狂暴能量,而是一种初始的、自由的、未被压抑和干涉,因此也是一种无需被压抑的正常运作形式。在无意识中,欲望完全凭借自己的运作存在,它之所以不被分配给一个预先存在的主体,是因为欲望能够清楚地认识到自己的对象。然而我们说,欲望对自己对象的认识并不涉及理性的运作,也不是根据某些预先存在的规则进行挑选,它只会在它所处的环境内被某个东西吸引着进行连接。而在欲望所处的无意识领域内,只要被吸引,连接就是可能的。这样,匮乏并非是原初的,反而是被建构出来的,是社会不让原初的生产性欲望得到满足以此来通过匮乏来回溯性建构欲望,灌输内疚,以此来控制人。这也就是说,欲望就它本身而言不是主体的,它是无人称的,尽管它可以在后验分析中被归属于某个主体。"欲望什么都不缺,它不缺少自己的对象(object/objet);相反,是主体(subject/sujet)或说稳定的主体在欲望中不存在;如果没有压抑,就没有固定的主体。"(AO 34)而在这时,所谓主体只是主要的欲望生产过程的副产品、剩余物(residuum/résidu),它是一种特殊的游牧主体,而这意味着主体不是固定的或预先存在的。这种匮乏和生产,非主体和主体,游牧主体和固定主体,无意识与意识之间的对立,在德勒兹和加塔利看来,其实是"柏拉图式的区分强制我们在生产和获得(production et acquisition)之间做选择"(AO 32)的结果。"获得",顾名思义,代表我们一旦欲望一个东西就要得到这个东西,欲望和欲望想要获得的对象是一体的,这让我们把欲望看作一个"理念的(辩证的,虚无主义的)概念"。正是这种概念导致了欲望和匮乏的联合。很明显,不知道我们欲望什么和知道我们欲望什么但无法得到是两码事,但是对获得和匮乏的强制性认同倾向于将两者混淆起来。如果欲望等同于欲望对象的获得,那么欲望对应的主体也就由他所拥有的物性物定义,这不仅导致世界的普遍物化,也导致人的,特别是欲望主体的物化,因为人将由非人的差异而被定义,这显然与马克思在《1844年经济学哲学手稿》中对"异化"的阐述有关联。这种与马克思的关联被德勒兹和加塔利的这一引文点明,"正如马克思所说,真正存在的不是匮乏,而是作为'自然物和感性物'的激情。"(AO 34)生产就是这种自然物和感性物的激情,这是一种没有指定产物的创造性运作过程。

那么,机器是什么?

我们已经有足够多的信息可以推断出来,如果"欲望机器"就是德勒兹和加塔利用来对抗匮乏的概念,那么它就一定采取能动且直接的运作形式。不过"机器"具体指的是什么,这对我们来说依旧是一个悬而未决的谜题。目前为止,看似合理的一个猜想是顺应德勒兹和加塔利对马克思主义的引用,把机器理解为随着科学技术的进步和发展应运而生的一种封装并简化特定生产程序的装置,作为社会生产中的一个重要物质组成部分,也就是马克思所说的生产资料中的生产工具,来决定特定的生产活动。如果这样理解,机器就是特定的、具体的、物质的,作为生产程序不可或缺的工具直接参与生产过程,并且作为社会生产中的一个重要环节决定着产物的质量、性质以及生产效率。这样的话,欲望不仅是一直处于运转之中的,而且与生产有着紧密不可分的内在联系。

不过,尽管"机器"和"生产"概念确实受到了马克思主义有关生产力和劳动力理论很深的影响,但很遗憾,这与德勒兹和加塔利对机器的定义还有一定的差距。不仅如此,在这里,我们同样要小心谨慎地将"机器"和"生产"与它们在资本主义经济运行中的含义区分开。机器概念是《反俄狄浦斯》第一章最重要的内容,因为整本书的一个核心论题是讨论欲望如何像机器一般运作,所以对机器的一些基本特点的介绍构成了整本书的一个先导。首先,在马克思那里,在论述相对于古典政治经济学的资本运作方式的时候,生产,无论是生产力还是生产资料,又或者是生产关系,只要它们是相对于特定的生产过程而言,指的就都是已经成为了整个生产体系的一部分的那些元素。机器作为生产资料不仅是提高生产效率的工具,更是资本家利用压榨来的剩余价值扩大生产规模,通过压迫使得生产进一步高效化和精确化来推动资本不断增值的不可或缺的环节。生产规模的扩大与机器的更新换代密不可分,而机器一方面使劳动力依附于其上,并通过精细的劳动分工把行为的整体性划分成互不相连的各部分来增强管理和控制;另一方面与商品侧挂钩,用来接入生产过程的特定步骤来决定商品的特定性质。这就意味着,具体的机器,就其在自身的生产运作而言,总是直接或间接地以整体的形象与某些固定的产品相连。例如,蒸汽机在工业革命中的发明和改良使得蒸汽机作为高效提供动力的机器成为整个生产链条中的一部分,但它总是以一个作为蒸汽机的整体或作为提供能量的整体被人们认知的;或者,纺织机的进化总是直接与织物相连,人们评判纺织机技术的准绳只有织物的品种、品质以及生产效率,而内部机械结构的改革总仅仅是一个技术性问题。

欲望机器则完全不同。欲望机器和现实机器的差异并非在于抽象与具体的区分。当德勒兹和加塔利提及欲望机器的时候,他们总是强调某种特殊的连接方式和运作方式,而不是某个特定机器的构型。或者我们可以说,与现实中的机器相比,欲望机器不是被宏观地理解的(外部物理形象或者特定的产物),而总是被微观地理解的(欲望机器有哪些部分,部分之间如何连接,这种连接体现了何种欲望,这种欲望有什么样的强度)。在书的后面部分,德勒兹和加塔利将我们现实生活中所谈到的那种机器称为技术机器(technical machine /machine technique),并与辖域机器(territorial machine/machine territoriale)对立起来。后者是欲望机器的社会领域的形式,是相对于欲望机器的巨型机器(megamachine/mégamachine),两者仅在体制上有区

别,而在本质上是相同的。事实上,一架机器既可以是技术的,又可以是辖域的,这取决于我们采取什么样的方式看待它:

> 辖域机器是社会体(socius)的第一种形式,是原始铭刻的机器,是覆盖整个社会领域的"巨型机器"。辖域机器不应与技术机器混淆。在其最简单的也即手动(manuelles)的形式下,技术机器已经意味着某种非人的、行动的(agissant)、传导的,甚至可充当动力的元素,这种元素扩展了人的力量,并允许了其本身与人的力量的某种分离。与此相对,社会机器是以人作为自己的组成部分的,即使我们将人与其机器看作一个整体(même si on les considère *avec* leurs machines),而且将人们整合和内化到贯穿行动、传播和运动机能(motricité)的所有层级的制度性模型之中[……]同一个机器既可以是技术的又可以是社会的,但并非以同样的方式:比如说,钟表作为技术机器起到衡量统一时间的作用,而作为社会机器起到复制符合标准的时间和确保城市生活秩序的作用。(AO 165)

在德勒兹和加塔利将论述的中心放在欲望机器上时,他们所要强调的是处在运动和构成过程当中的、尚未被制度化和固定下来的,也就是具有自身生产性的机器性那一面。正因如此,欲望机器主要是发出流的机器部分和截断流的机器部分之间的创造性、生产性的和欲望自身驱动的连接关系。"首先,每个机器都与它截断的连续的物质流(质料)(hylé)有关……质料这个词实际上指的是任何一种物质在观念上具有的纯粹连续性。"(AO 43)对于任何机器连接来说,最首要的是机器的流。因为这体现的是对某种欲望的直接而不加任何中介和反思的满足，不过在形成任何连接之前，这个流都只是抽象而观念性的，因为它没有完成任何特殊的满足，只有另一机器部分通过截断（couper）流并接受了这个流并将其暂时占为己有的时候，机器才通过连接建立。截断不应该被理解为对流的干扰，恰恰相反，正是通过切断流，流才能够在欲望机器中通过连接发挥作用。因此，"截断方式"仅仅是"连接方式"的另一个名字。我们可以如此理解流和截断之间相互依赖的关系：想象一条奔腾的溪流，当它只是自己流淌的时候，水力就浪费了，而只有这一条溪流-机器被接入如风车-机器或发电机-机器时，它才能发挥作用。况且并不存在没有起始地和目的地的水流，就像没有不促成某种欲望之满足的抽象流。同时，截断也确实代表了对自由流的某种干扰，尽管这种干扰对于流的运作来说是不可缺少的。已经被确定在固定连接之中的流想要挣脱已存在的截断，寻求被下一次截断，进入下一种机器关系之中。就像并不是主体在制御着、决定着、选择着应该采取什么样的欲望并且应该满足什么样的欲望，而是感受性的身体默认挑选着更能发挥自己的感受能力、提升自己的行动能力和生命力量的连接一样，作为机器的身体部分也并不是主动选择它要截取哪一条流和如何截取流，而是欲望本身通过感受着不同连接的强度差异被纳入最适合，也就是最能满足欲望的连接之中。从这一点上来看，虽然说欲望机器进行生产的方式是主动的，但是就其进行连接的方式来说，更适合的方式是说它是自动的（automatic/automatique）。于是，我们可以看到欲望机器是一种"对整个生命体验的自主（autonome）反应"（AO 45），而流-截断的系统则是"无意识的真正活动"（使流动，使切换；AO 388）

另一方面,就像嘴这台机器可以与乳房机器连接成为器官机器,也可以成为说话机器、肛门机器等等一样,每一个机器都可以与不同的机器进行连接,承担不同的功能。在《反俄狄浦斯》中,根据对待某个机器的多种种类连接态度的不同,德勒兹和加塔利论述了两种主要的截断模式。如果某种欲望机器所代表的流的截断倾向于固定某一种特定的连接并排斥其他的连接,这就是德勒兹和加塔利所说的编码(code)类型的截断。在这种模式中,编码系统规定了文明的正常、社会的正统和道德的法则,同时让其他连接成为相对于中心法则的偏离和僭越。与此同时,还存在着另一种截断形式,即德勒兹和加塔利所推崇的精神分裂症或者"分裂分析"的模式。机器与不同的机器进行连接,截断了的不同的流之间不存在等级差异,也当然不存在把一种特定的连接奉为圭臬而排除其他连接的情况。相反,这些截断模式同时存在,机器可以根据不同的欲望强度自行进入不同的连接并随心所欲地切换。前者是排除(exclusive/exclusif)的模式,是对欲望机器运作过程超验(transcendent/transcendant)因而错误的理解;后一种模式就是包含(inclusive/inclusif)的模式,这是对欲望机器内在(immanent)且正确的理解。这两者之间的对立意味着欲望就其本质而言没有任何外部的参考物,而是总是通过内部的自动运作来生产的,而且不同欲望连接之间的内在差异应该以一种开放且非二元性的方式被包容在一起。

最后,我们还要特别注意澄清这样一种很容易产生的误解:认为德勒兹和加塔利通过分裂分析所提倡的精神分裂症的精神解放意味着拆解欲望机器的流-截断而不再建立任何连接,就好像解放欲望即意味着消除欲望这一虚无主义或犬儒主义的命题。重点在于,编码所代表的特定社会形式对欲望的管控与限制与分裂分析所代表的解放欲望的理想情况之间的差别,并非截断与拒绝截断之间的区别,而是是否对截断方式进行控制之间的区别。因为从本质上来说,如果流能够在一个机器中运行,那它就必定已经被编码了。所以我们不能想象未经编码的流(uncoded flow),只能想象被解码的流(decoded flow/flux décodé)。纯粹的解码之流就是未经编码之流,是不可能存在的。被德勒兹和加塔利称之为完全的逃逸线(line of flight/ligne de fuite)会使我们完全丧失行动能力和感知能力,将欲望和存在在极度的疯狂中带向毁灭与死亡。因此,分裂分析所推崇的与在资本主义的公理化机制下流的相对解码相对立的绝对解码,就其本性来说仍然是一种相对的形式,其绝对性在于去想象在解码之流无需服从一个隐秘的绝对目标(对于资本主义来说是利益的最大化以及一切事物的可交换性和可贩卖性),而是随心所欲进入任何能够给予满足的欲望生产过程的可能性。真正的分裂分析提倡的仍然是一种生产过程,只不过这种生产过程与包含在其内部的反生产过程互相配合,使得欲望不再是千篇一律的,而是无法预料的、突变的,很有可能不被社会规定的正常接受的,它自由的生产和连接方式会向我们不停地提供不被约束的新的连接。而一种纯粹的反生产,也就是处于极端状态的无器官的身体,从来都不是两人的目标。

让我们用三个要点总结一下运行良好的,也就是没有被压抑的,内在运作的欲望机器的特征。首先,欲望机器的重要性与其说是它能够产生什么样的产品,不如说是与它内部的连接方式和运作方式及其强度有关。乳汁并不重要,重要的是嘴-乳房的机器性连接;作为器官的嘴并不重要,重要的是通过与其他不同的机器性部分连接、能够起到什么样的功能(或是进食,或是呕吐,或是说话……)。其次,欲望机器的整体性并不重要,或根本而言,并没有能够被视为整体的欲望机器。起关键作用的是组成欲望机器的部分机器以及他们通过产生和切断流的连接方式。嘴-乳房这种机器性连接与发出奶水之流的嘴和截断该流的嘴而言,又显得没那么重要了。最后,与欲望机器的部分性密切相关的另一点就是,欲望机器仅仅是暂时的,而非长期存在的;就欲望机器的构成和连接是为了满足某种功能而言,一旦这种功能性连接的强度被另一种连接的强度超过,原有的欲望机器就会断开,而构成这架欲望机器的诸部分就会寻求新的连接。因此,与嘴能够构建的不同连接的数量相比,更重要的是这些功能不互斥的可切换性。

经过对欲望机器这个概念倚靠的精神分析以及马克思主义的概念背景所做的简单梳理,我们可以看到,欲望概念不是对精神分析中欲望作为匮乏这个概念的简单改进和重新论证,机器也不是对作为生产资料的机器概念的批判性使用。尽管看起来,"'欲望-机器'这个概念连接了弗洛伊德的力比多概念和马克思的劳动力概念,而且作为反俄狄浦斯众多严密论述的目标,是分裂分析的核心概念"[1],但《反俄狄浦斯》并非简单调和了精神分析和马克思主义,也不是简单的工具型批判,即既不是用马克思主义来批判精神分析,也并非反之用精神分析的理论来填补马克思主义未能解决的问题。《反俄狄浦斯》通过欲望-机器这个概念重新定义了欲望和机器这两个关键概念。欲望现在指作为机器的生产性能量,而机器则是与欲望有关的能动性部分。

---

[1] Eugene W. Holland. *Deleuze and Guattari's* Anti-Oedipus: *Introduction to Schizoanalysis*. London: Routledge, 1999. p.1.

只不过与在德勒兹与加塔利两人看来恰恰导致了而非治疗了现代社会病症的精神分析相比,马克思主义的众多概念为他们推进理论论述方面提供的更多的是帮助。

两个重要概念:无器官的身体和部分客体

现在我们已经从建构着的欲望机器与被建构的匮乏欲望的对立,即生产性的、无主体的欲望与社会性的、文化性的欲望压抑主体之间的对立,部分地理解了德勒兹和加塔利提出的欲望机器指向的需要解决的原因。或者用他们自己的话来说,意识到了欲望机器这个概念所要解决的问题。现在让我们转换一下视角,不从建构或生产的角度,而是从欲望机器得以建构自身的生产元素的角度来切入欲望机器的逻辑。

回到欲望机器的语境,如果欲望的结构(机器)是从自发性的连接和其他自发运作中得到的,而不是被某个不管是社会的、文化的、经济的、道德的或者是心理学上俄狄浦斯情结的先在结构规定的,欲望是如何保证自己不会落入那未成形的混沌之中,即既是在生产之前又是要将生产倒退回之前的反-生产呢?在这里,我们会遇到两个比较重要的概念,它们是无器官的身体以及部分客体。

无器官的身体

无器官的身体,作为德勒兹与加塔利最晦涩难懂的概念之一,或许体现了他们反生物学的妄想。毕竟如果我们没有器官,又怎么有身体?如果没有高度分化的器官的那些高效且专门的功能,我们怎么进行思考、运动、消化、呼吸甚至生存?不过,尽管无器官的身体无论从哪个方面来讲都是一个极其物质、极其肉身的概念,它代表的不过是一个思路上的极端转变,而这一转变是通过深入身体内部实现的。但这一内-外并非是简简单单的物理意义上的区分。

无器官的身体,作为前-器官的可塑肉身,既是为欲望机器提供资料来源的前-构建性力量,又是威胁着已建立的欲望机器,促使它解体的内在毁灭性力量。在1969年出版的《意义的逻辑》中德勒兹第一次为这个概念命名,不过它所代表的思想在1968年出版的《差异与重复》甚至更早时候就已经显现,在那时,它叫作差异或晦暗的基底(le fond obscur),而在更早些时候,《经验主义与主体性》(*Empiricism and Subjectivity*)和《尼采与哲学》(*Nietzsche et la philosophie*)两本著作早已通过揭示主体和客体的构成性预示了这个概念的出现。这个借名于法国戏剧家安托万·阿尔托(Antonin Artaud)的概念与由器官构成身体对立起来,表示身体为了摆脱器官和给定的功能对它作出的多种难以改变的规定,因此寻求通过回到那种不可能的,器官还未分化的原始状态来对身体进行实验。"身体就是身体/它就凭借自己存在/而且不需要器官/身体从来都不是有机体/有机体是身体的敌人。"(转引自 AO 9)当然,身体与有机体的对立并不代表着身体是无机元素和无机物。如果想要用尽可能简单又不脱离生物学领域的语言来描述无器官的身体,我们可以设想远古时代的地球上生物的最初诞生之地——原汤。它有着生命诞生的营养物质、非生命物质、前生命有机物等等,还有各种物理条件,但就其本身而言,我们可以称其为不过是毫无结构的混沌。如果这种原汤代表了无器官的身体,那么身体可以比作地球的生态圈,而器官和功能就是具体的生物。这样一来,从有器官的身体回到无器官的身体就意味着去想象所有生命还未诞生但孕育着无数可能性的那片原汤,而对身体进行实验就意味着去想象某些条件的改变导致了在如今的地球上生物种类、数量、种群关系等等会发生的改变。因此,去思考无器官的身体实际上意味着思考前-器官的身体,去实验性地构想一个器官的种类、排列方式和功能都与现在的人体结构都不同的身体来尽可能大地增强我们的感受能力,去释放身体的可能性。更普遍地说,思考无器官的身体就意味着质疑那些被认为是自然的、既定的、理所应当的各种结构和体制,各种习惯和法则,最不受约束地思考人类身体、社会、文化等等的可能性和可塑性。

所以无器官的身体并不意味着被掏空了器官的身体,而是随时随地准备进行组织生成新器官和新功能的有着难以预测潜能的身体。尽管身体不可避免地要由器官构成,但那些器官本身并不是确定的,或者更准确地说,那些器官的功能并非不变的。对于人来说,当一个器官的功能发生改变的时候,就代表着无器官的身体"生成"了另一种器官。无器官的身体和既成的器官对立。如果说器官代表成规以及固定下来,被人们不加反思就接受了的准则和功能,那么,无器官的身体就意味着抛弃一切成见、不加任何预设地去思考问题,随机应变,为每一个新的问题制定一个新的答案。如果说无器官的身体有着将生命从人类充满丰富功能的有机存在那里剥夺的可能,这是因为在本质上生命是通过无生命物质的综合发展出来的,因此无器官的身体想要表达的正是处在生命与非生命之间的过渡与门槛状态,并通过这种折返在固定功能得以形成的可能性内部之中发现新功能的可能性。器官化(organized)的身体,也就是有机化(organized)的身体,是已经完全被特定的模式或思维陈规束缚住了的,从某种意义上来讲,这是一具没有了生命力的躯壳。而回到无器官的身体,这样看起来无异于抹除生物性存在的自杀行为,却恰恰解放了这些陈旧回路中的生命力。

在《意义的逻辑》里……

为了理解《反俄狄浦斯》中的无器官的身体的概念以及它与对应的欲望机器之间的关系,我们有必要先绕远路,回到《意义的逻辑》,以了解"无器官的身体"最初是以什么样的形式出现在德勒兹的思想体系中的。顾名思义,《意义的逻辑》所要处理的是意义的问题,理解意义的方式是通过语言。德勒兹解读意义的模式并非通过分析哲学的手段,即把意义定义为语言结构中的某个对象化客体,也就是说,我们不能把意义锚定在语词之中,也不能在句子或者段落里面找到意义。与人们通常认为的语言的几种功能不同,意义既不在与外部对象的对应之中(指称,désignation 或 indication),也不在说话人的主观意愿和信念之中(表示,manifestation),也不在语言得以被人理解的、符合结构主义理解方式的概念结构之中(意谓,signification)。意义并不蕴含在这三个维度之中的其中一个,而是作为第四个维度与它们并存,是命题中的被表达物(l'exprimé de la proposition)[1],它不能被化约为"单独的事态,某些影像,个人信念,或是普遍概念"[2],而是一个被表达出来的表面效果。同时,因为指称、表示或意谓中的任意一项都不能做到为语言的功能奠基,意义或表达(expression)的第四个维度则承担起了为前三种功能奠基并由此为语言奠基的责任。所以意义不只是存在于命题

---

[1] Gilles Deleuze. *Logique du sens*. Paris: Minuit, 1969. p.30.
[2] Gilles Deleuze. *Logique du sens*. Paris: Minuit, 1969. p.30.

之后那个被表达的"非身体性效果或表面效果"(des effets incorporels ou des effets de surface),而是作为一个动态的发生在一开始使得语言得以可能。

在德勒兹看来,这要通过回到语言的那些非表象、次再现的元素才能做到,比如尚未获得表意功能的音节和纯粹的声音,即语言的原初秩序。我们已经了解到,对于德勒兹和加塔利来说,一个器官化的、有机化的身体意味着接受了固定的思想方式和思维习惯,那么可以说我们日常使用的语言就是一种被固定下来的有机化的语言,各种词法、句法和发音方式规定了怎样使用语言才是正确的。因此,当我们逆向推进,回到那些破碎的声音和音节的时候,它们就不再被认作是需要相对于系统的差异化位置获得自身的价值的确定语言系统的组成部分,而是在语言系统尚未形成时的那些凭借自身被接受的纯粹的元素。这些破碎的、纯粹的、构成性的音素、词素和义素的整体就是语言的无器官的身体,这样,意义就不是通过本来就是小的表意单元的拼接和组合构建起来的系统,而是总是来源于本身一开始并非是意指的元素的组合。

语言学将研究人是如何从无到有学习语言的分支称为语言习得;精神分析会关注人的幼年期,并将语言的习得与意识的建立、人格的形成和文化与道德的内化关联起来;而对于德勒兹来说,为了寻找非表意的声音和前表意的音节,同样可以回到儿童这个生理学发展阶段。婴儿还没有语言的意识,发出的大笑、哭泣和模仿声音都只是无意义的噪声;但是如果想在成年人身上发现这种语言元素,就要去找那些不接受既定的语言用法,总是想要通过实验来打破语言的限制创造自己的语言的人。在德勒兹看来,这种理想的研究对象就是精神分裂症患者。正是在《意义的逻辑》被称为"精神分裂症和小女孩"(du schizophrène et de la petite fille)的序列中,德勒兹第一次提到了无器官的身体。

> 没有什么比[意义的]表面更脆弱了……表面的整个结构都已经消失了,被可怖的原始秩序颠覆了……精神分裂症患者所做的与其说是重获意义,不如说是破坏语词,召唤情动,并且把身体痛苦的激情转变为胜利的行动,把顺从转变为命令,它们总是处在裂了缝的表面之下的深度之中……胜利现在只能通过创造呼吸-词和叫喊-词来达成,这样所有文字的、音节的和语音的值都被纯粹的音调的(tonic)和非书面(not written)的值取代。对应于这些值的是一个辉煌的身体,它是一个精神分裂症身体的新维度,一个完全通过吹气、呼吸、蒸发和流体运输来运作的没有部位的有机体(阿尔托的超凡身体或无器官身体)。[①]

作为语言的无器官的身体,原初秩序充满了激情与痛苦、叫喊与哭泣、粗粝的呼吸声以及令人恐怖的尖叫,是破碎的、不成形的、无意义的。我们之所以无法将这种语言的元素和正常语言的系统直接关联起来,是因为就算它们呈现出同样的形式,却代表着完全不同的值。举个例子,当婴儿学会发出"ma"这个音节的时候,家长会特别高兴,觉得孩子终于学会说话了,但是在这个阶段,"ma"这个音节和"mom""mère"或者"妈妈"这些词语的相似性只能凭借抽象化和形式化达到,婴儿并没有使用语

---

① Gilles Deleuze. *Logique du sens*. Paris: Minuit, 1969. p.101 - 108.

言,这不仅是因为婴儿没有使用语言的意识,更是因为在这个阶段,发出这个音节和用手击打大腿发出声音这两个行为之间没有什么本质的不同。他只是在把发声当作一种游戏,把器官当成玩具。婴儿并没有指称母亲,也没有表示他在想着他的母亲,更不用说理解"妈妈"这个概念了,发出这个声音只是因为他有这种冲动,发出这种声音让他感到很开心,如同大叫、大哭和大笑让他很爽快一样。这就是为什么这些元素既不是表意的也不是前表意的,而是非表意的、强度(intensive/intensif)的。

无器官的身体在《意义的逻辑》中指的就是强度的领域。强度代表每一个音节的差异都是内部的差异(in-tensive),这使得每一个看似是重复的发音本质上是不可通约的,"创造了那些始终标志着多重节奏的特异点或优先时刻"①。这与另一种对声音和语言的理解方式形成了鲜明的对比,这种方式相对于固定的概念或者语言系统作出的同一的重复,这种语言把声音都归于再现的系统,当成是表意的方式,中介了强度并且覆盖了强度。这两种观点之间的差异在于,尽管表象能够再现差异,但是如果差异要成为能够被表象的,则必须通过次表象元素、通过差异化的生产性综合才变得可能。正是通过强度的混沌自行进行的规划和组织,外延的、表意的语言才能够诞生,这被德勒兹称作意义的动态发生(dynamic genesis/genèse dynamique)过程,对应于作为语言在事态中现实化的静态发生(static genesis/genèse statique)。在后者中,意义也就是能够在命题中被表达的作为纯粹表面或者纯粹事件的那部分。简单来讲,通过对语

---

① 吉尔·德勒兹:《差异与重复》,安靖、张子岳译,华东师范大学出版社,2019年,第44页。

言的原初秩序进行连接和组装,意义得以构成一个脆弱的表面,稍有不慎就会跌回无器官的身体并且开始新一轮的意义构建,而这个意义的表面通过静态发生构成命题的三重结构,并且作为无形体的被表达物被命题表达出来。如果我们想要对语言进行实验,一种方法就是通过刘易斯·卡罗尔(Lewis Caroll)的方式,通过无意义或称废话(non-sens),来制造意义的矛盾回到表面,来搅乱既存的意义结构;或者,我们可以用阿尔托的方法,回到混沌无区分的深度,在一种更极端的意义上从根部把语言解体来重新思考意义。从无底的深度,到作为基础的表面,再到被奠基的语言结构,结构、形式和功能一步一步被固定下来,但是无器官的身体、意义、事件和表面等结构让我们可以逆流而上,对语言进行实验。

无器官的身体在《反俄狄浦斯》中

回到《反俄狄浦斯》,很容易看出来无器官的身体的含义发生了一些转变。德勒兹和加塔利在这里把无器官的身体与欲望机器对立起来,显然是把欲望机器的建立当作是器官的形成过程,无器官的身体就摆脱了意义和语言,承担起对已经固定的欲望机器连接进行拆解,从而让更多不同的欲望回路得以建立的功能。不过在这里,无器官的身体不再被介绍为一个完全原始的、强度的生成性场域,而是"无生产性的、不生育的、并非产生出来的、非消耗的"平面(AO 14),也不再如同在《意义的逻辑》中一样,是在完整语言结构和意义之前出现的无意义的音节,而是随着连接综合一同出现的,在生产之中的反生产。实际上,就无器官的身体概念自身的模糊性来讲,它没有发生任何大的变化,德勒兹和加塔利在将无器官的身体和欲望机器做比较的时候,同样引用了《意义的逻辑》语言的动态发生(AO 15),但是就它的生产性和发生过程被分离出来并且被概念化为"欲望连接"或者"欲望生产"这个概念这一点来看,无器官的身体概念中被保留下来的部分就指那些未分化的、构建性但未构成的、非再现的元素,它作为一个强度＝0的阈限状态,代表了没有任何生产性的连接并因此也没有任何机体性的功能建立的无动于衷的死亡,因而更接近《意义的逻辑》中提到的表面或者事件,而在那里,作为表面的意义和作为深度的意义正是意义的一体两面。因此在《反俄狄浦斯》中,《意义的逻辑》提到的无器官的身体实际上被拆分成了两部分,而《反俄狄浦斯》提到的无器官的身体现在作为一个被平行地,或更准确地说,被回溯性构建的规定性平面,成为了一个被铭刻的表面,而欲望机器的连接取代了无器官的身体的差异化自组织。或者说,欲望机器那种无目的的、难以控制的、不遵守任何形式规定的相互吸引式的连接抽取并且具象化了这种自组织方式。

然而,更准确的表述实际上是,无器官的身体从来都不能被看作一个静态的平面,而是一个欲望原初的涌动之所。无生产性和静态性不能被混为一谈,或者说静态性仅仅是暂时的,就其本性而言,如果无器官的身体可以被看作是一个平面,那也是蕴藏着丰富能动力的动态平面的一个界面。德勒兹和加塔利描述无器官的身体非生产性的引文的上一句话是,"'一个不可理解且直立不动的停滞状态',正位于整个过程的第三个时刻,'没有嘴巴。没有语言。没有牙齿。没有喉咙。没有食道。没有胃。没有腹部。没有肛门'。所有的自动装置都停止了运作,并呈现出它们原本清晰表达的无组织物质。"(AO 14)而其后紧接着的一句话就是:"安托万·阿尔托在他所处的地方发现了它,没有形状,没有形象。"(AO 14)这意味着尽管无器官的身体是一个没有任何可辨认的形象的抽象结构,尽管任何器官都不存在,但这种器官的绝对解体必须要相对于有特定的功能的有机器官被思考。因为无形式必须要被看作形式的潜在性,而不是形式的不可能性,是通过拆解既存形式使得新形式得以出现,而不是绝对否定了所有形式。当德勒兹和加塔利在后面提到那个固执地保存自身的无组织和未分化形态的无器官的身体的表面时,这已经不再是本质上的无器官的身体了,这种表面被偏执狂机器原则化,并且代表了与促进生产的反生产相对的,拒绝欲望生产的反生产。因此,无器官的身体反生产的本质必须要在欲望机器生产性的内部理解。正是因为欲望机器概念的出现,无器官的身体更直观地被纳入了生产和反生产的循环过程,也不再是精神分裂症患者独有的语言或者思想实体,而是作为身体的实验手段以及欲望更新的方式内在于欲望的生产。"根据一种新出现的,'欲望机器'概念从中得出的临床材料,而且它获得了某种复杂性,后者允许德勒兹根据单义性和游牧分配的主体来第二次面对他思想的首要问题:一边是形式的现实化,一边是使世界遭受不断在分配的内卷。"①

现在让我们回到文本来阐述欲望机器和无器官的身体相互依赖、相互作用的方式。欲望生产需要通过构建欲望机器来组织流和截断,从而让欲望进入具体的生产。而同时,有一个与欲望生产相对的过程拆解着已经建立的欲望机器,也有一个与欲望机器相对的东西阻止着欲望机器的生产,这个东西就是无器官的身体,它"在生产的内部,身体遭受着被这样特定方式组织

---

① 弗朗索瓦·祖拉比什维利:《德勒兹哲学词汇》,董树宝译,重庆大学出版社,2024年,第18页。

起来的痛苦,遭受着渴望其他组织的痛苦,或者企图摆脱一切组织的痛苦"(AO 14)。在这一段引文中,最关键的信息就是无器官的身体是在"生产的内部",也就是在欲望机器连接的生产内部的。要理解欲望机器和无器官的身体的关系,最重要的一点是要意识到在这种欲望机器的连接性综合所作出的内部运作中,无器官的身体对欲望机器所代表的有机体的构建做出的阻止并非是外部的,而是欲望机器自身的一种要求。为了理解这一来自内部的反对,我们可以将由欲望生产导致的欲望机器的构建视为差异的重复,而将已建立的欲望机器的运作视作同一的重复。然后,让我们回到嘴这个器官-机器的例子。当婴儿想喝奶的时候,欲望生产会引导嘴和乳房之间欲望机器的构建,当婴儿喝到第一口奶水的时候,他感到的是欣喜和满足,但随着吮吸奶水动作的重复,每一口带来的满足逐渐递减,直到最后喝奶变成了一种机械的重复,甚至一种负担。此时婴儿便不再欲望与乳房建立机器,而是欲望脱离这个机器,建立说话-机器、呕吐-机器等等,而当婴儿叫累了之后,他又想重新喝奶;或是在吃多了呕吐之后,饿了起来又重新喝奶。因此在每个欲望机器内部,都存在着我们在经济学上称为边际递减效应(diminishing marginal effects)或收益递减效应(diminishing returns)的东西,这从内部要求着欲望机器常常被破坏以转向新的配置与连接。无器官的身体概念化了这种想要从既定的欲望连接中脱离出来建立新连接的倾向。不过并不是无器官的身体本身要求我们这么做,而是欲望机器内部要求的结果呈现出一个时常破坏,时常拒绝连接的无器官的身体。当然,一旦概念化,我们就要考虑这个概念代表的极端情况,因此一个纯粹的无器官的身体就意味着破坏欲望机器并阻止欲望机器的进一步建立,也就是强度=0,

也就是一种观念上的死亡本能(death instinct)。当然,一个纯粹的无器官的身体是不可能的,因为这意味着完全拒绝任何连接,甚至是那些使欲望得到满足的、短暂的、生产性的连接;意味着一个人完全不接受任何社会规约和社会功能,甚至反抗某些生理功能,尽管这些规则和功能对于他的生活和生存是有益的。

另一方面,当然也不存在纯粹的欲望机器,正是因为欲望机器内部有拆解自身的欲望,所以欲望持续紧密的连接也是不现实的。当我们想要形容欲望机器的时候,这个词应该是"机器的"(machinique),而不是"机械的"(mécanique)。两者之间的区别在于,一个"机器的机器"的运作有一定的自主性和决定权,甚至可以说拥有某种程度的生命,而一个"机械的机器"只会"机械地"运作给定的功能和指令,这更像我们在谈论机器的时候说到的那种在工厂里生产某一固定产品的机器。此外,"机械性的东西确实是机器;但是构成这个机器的部分本身并不是机器。举个例子,机械会指向构建自身的一块特殊形状的铁,但是这个铁块自身并不是机器",而真正的机器是"无尽的机器,它无尽的组成部分都是机器"[1]。这就等于说,在嘴-乳房的这个例子中,嘴-乳房是一个欲望机器,但这是自动连接的产物,而不是在某个外部程序的影响下"被"构建的,嘴同样是一个机器,而不是一个无生命的机械部件,它根据自己的欲望自动调节并选择连接。一个宏观的机器总是由内部的众多微观机器构建起来的。这也就是为什么欲望机器并不像它的名字所暗示的一样,是一个纯

---

[1] Gilles Deleuze. Leibniz and the Baroque. Seminars: Lecture 01, given at October 28, 1986, available at 〈https://deleuze.cla.purdue.edu/lecture/lecture-01-7/〉(accessed 16 January 2024)

粹机械唯物论的概念，而是更靠近一种生机论的唯物论。

没有纯粹的无器官的身体，也没有纯粹的欲望机器，这就代表着我们每个人在本体论上都是两者的混合物；而欲望机器时而落回无器官的身体的平面，时而进行连接和生产，这就是为什么无器官的身体实际上是欲望机器的一个界限，而界限则意味着欲望机器无法完全融化为无器官的身体，而总是在运作着，尽管"有时运行平稳，有时断断续续"(AO 7)。我们常常能够在病理学上的精神分裂症患者那里看到较为纯粹的无器官的身体，他们对秩序的反抗已经让他们无法正常生活：有的人反对自己的母语[①]，有的人认为自己需要被接入机器才能正常生活，还有的人认为自己的肛门是太阳（施瑞伯法官）。不过反过来说，又是谁把他们划分为不正常的呢？不正是那些通行的规则和秩序吗？必须要先定义正常，疯狂才能作为正常想要驱逐的对象消极的出现。而从分裂分析的角度来看，这些病人只是在积极寻找适合自己的欲望机器罢了。不过当德勒兹和加塔利以分裂分析和精神分裂症作为他们著作的主要目标时，他们并没有让我们成为真正的无器官的身体，而是让我们把无器官的身体当作思想的理想，从中萃取出一种质疑人们一切不假思索地接受的东西，并去思考自己真正想要什么、真正欲望什么以及如何欲望。打碎语言和切碎身体，这都只是一些极端的表述。真正要做到的是试着学习精神分裂症患者"反抗"和"质疑"普遍的精神，与"无器官的身体"一同思考。

---

① Gilles Deleuze. *Logique du sens*. Paris: Minuit, 1969. p.104 - 105. 德勒兹在此谈论有关被称为"语言学习者"(étudiants en langue)的精神分裂者的临床文本。

在一个如他们设想的"心智健全"的"精神分裂患者",同时存在着间断性运作的欲望机器和使欲望生产获得喘息机会的无器官的身体。当欲望机器的连接断裂之时,那些部分机器不处在任何既存的连接逻辑下,而无器官的身体类似于一个容纳之所,收容了这些"非器官"的部分机器,它欢迎着这些碎片,并且让自己成为容纳碎片的海洋。不过在某些情况之中,无器官的身体会拒绝欲望机器,拒绝让欲望机器进入无器官的身体,因为它认为无器官的身体表现出的非生产性不再是一个表面现象,而是它的本质,无器官的身体的存在不是为了促进生产,而是排斥生产,因此欲望机器就被看作某种迫害装置。当这种情况发展到极端的时候,就会出现偏执狂机器(paranoiac machine/machine paranoïque)。德勒兹和加塔利在第二章具体讨论了这个问题。不过,现在这不是讨论的重点,为了将理解进一步推进,目前的重点是,该如何理解那些"部分"机器?

部分客体

部分客体,或者部分对象,这是另一个德勒兹和加塔利从精神分析领域借来但使其改头换面的术语。在中译本《差异与重复》中,安靖引用了尚·拉普朗什(Jean Laplanche)的《精神分析辞汇》注解这个概念:"部分欲力所针对的对象类型,并不意味着一整个人会被视为爱恋对象。主要是真实或幻想的身体部分(乳房、粪便、阴茎),及其象征对等物。甚至一个人可认同,或被认同为,一个部分对象。"[1]

---

[1] 吉尔·德勒兹:《差异与重复》,安靖、张子岳译,华东师范大学出版社,2019年,第179页脚注1。

欲望或者冲动的对象是客体，这是弗洛伊德心理学的一个基本构成要素，不过重要的不是这个客体的客观存在属性，而是某个人的心灵对它的主观处理。某人欲望的客体，如在恋物癖的领域，体现了他认知世界的方式，而正是通过对客体进行分析，精神分析才能够分析出患者的症候。

因为对客体的认知和欲望主要是心灵的主观构建，所以冲动和客体并不是简单的对等关系。对此，弗洛伊德会说，二者之间的联系非常复杂，并且用一系列心理学上的操作对两者进行连接。内投（introjection）、投射（projection）、融合多个客体，以及将一个客体拆解成部分，都是弗洛伊德构想出来的无意识心理操作。在这些阐释的内部，当我们说到一个部分客体的时候，这个客体是某物或某人的一部分，或者与某物某人有关联，它因为某些特别的原因成为了主体的关注点，主体就有可能呈现出一种无意识的误认。虽然部分不一定意味着要被还原到与部分有关的整体，但两者之间还是保持着一种可交换的联系作为精神分析方法论的前提之一。这如同虽然对某个抽象的部分客体有欲望并不一定代表着我们会把某个具体的人当作爱恋对象，但是我们可能因为部分客体而陷入对某个人爱恋的错觉，接着再发现我们所爱恋的并不是这个人本身这样一种曲折的过程。

克莱因接受了弗洛伊德有关部分客体的说法，并将其进一步拓展为好客体（good objects）和坏客体（bad objects）。我们已经提到过，克莱因同样接受并发展了弗洛伊德有关俄狄浦斯情结的论述，并且提出了前-俄狄浦斯期来将俄狄浦斯情结进一步理论化。简单来讲，孩子在这个与在俄狄浦斯情结中相比心理更加不成熟的阶段会将它遇到的一切东西按照最简单的好和坏的标准来区分。顾名思义，好客体就是带来快乐和满足的客体，而坏客体就是禁止满足,带来惩罚和痛苦的客体。因为在前俄狄浦斯阶段,孩子和母亲是最亲密的,所以好客体和坏客体专门指母亲的身体部位或者这些部位提供的特定功能。之所以孩子要认识好客体和坏客体,是因为不仅它的神智发展不足以让他认识客体不同侧面的复杂构成,更是因为整全的客体,特别是母亲的复杂性会给孩子带来焦虑,因为一个复杂的母亲就意味着她并不是百依百顺的、能够满足孩子一切愿望的母亲。所以部分客体的很大一个作用就是让孩子回避焦虑,一直到他能够处理这种复杂认知为止。

就像前俄狄浦斯阶段预示了俄狄浦斯的心理剧场一样,部分客体也仅仅是完整客体的前奏。部分客体并不以自身的名义被孩子认识,而总是要被还原到拥有着部分客体的整体。经过复杂的变换和投射(比如说给孩子供给奶水的乳房是一个好客体,但在其他情况下就不是了,孩子需要适应这种过程),部分客体最终是为了让孩子能够正确认知作为完整存在的父亲母亲的预备阶段。这也就意味着部分客体就其自身仅仅是某个事物的一部分而言永远与整体关联起来,被提出来仅仅是要被否定,是一个辩证的过渡阶段。

德勒兹和加塔利所要反对的就是部分和整体的这种特殊的关系。无论是在弗洛伊德那里还是克莱因那里,部分客体都仅仅作为一种过渡的解释方法被提出。他们强调,无论主体认知部分客体的过程多么复杂,最重要的都是完整客体,因为在社会中,我们都是要与完整的人格打交道的,而精神疾病最主要的问题似乎就是由于这种能力的丧失导致的社会化的失败。这是精神分析最重要的预设之一。而"德勒兹和加塔利与精神分析传统最大的不和就在于,精神分析总是坚持认为良好的心理状态从根本上讲在于维持与完整客体的关系,并因此让部分客体(母亲的乳房、阴茎、悄悄话、痛苦、一块蛋糕等等)在精神分析方案中仅占有次级的或者预示性的地位——人们为了获得成熟的心智总是要经历部分客体然后走出这个阶段的"。[①]

简单来讲,德勒兹和加塔利认为部分客体的意义要通过其本身来衡量,部分不意味着它是某个整体的部分,而是一个独立生效的部分或者独立运作着的功能。这样,部分客体也不需要被还原为完整客体,在精神分析的推论中,欲望主体或者认识主体正是通过这种认知的扩展实现情感和认识的社会化。回到《反俄狄浦斯》最初的例子,在嘴-乳房这个欲望连接中,嘴和乳房进行连接完全不是因为嘴是婴儿的嘴,而乳房是母亲的乳房,两者的连接是因为特定的生理需求和情感需求导致的母亲和孩子的亲密接触,而仅仅是因为嘴作为一个独立的器官,承担着获取营养的独立功能,而乳房作为一个独立的器官,则起到了提供营养的作用,之所以嘴要和乳房进行欲望连接,就是出于一个很简单的原因——即某种饥饿促使嘴去获取营养或者嘴想要获得吸吮的快感,如此等等。当然,从生物学的角度来看,嘴当然是婴儿的嘴,乳房一定是母亲的乳房(当然,也有可能是奶妈的,但在精神分析中却不会如此分析),饥饿也一定是某个独立完整的生物体的感觉,但是部分客体的欲望连接是一种具体的、物质性的、完全不加任何预设的直接连接,这一点与精神分析形成了巨大的反差。通过把一切亲密行为和惩罚行为都关联到父亲和母亲的抽象人格上,精神分析永远在根据既存的规则进行解释;而

---

① Kenneth Surin, "Partial Objects", in *The Deleuze Dictionary*, Ed. Adrian Parr, Edinburgh: Edinburgh University Press, 2005. p.203.

欲望的直接性,在德勒兹和加塔利看来,正是反解释的。正是这种过度的考量和解释的病症堵塞了欲望本身的运作方式,因为就欲望自身而言,"每一个客体都是以流的连续性为前提的,每一个流都是以对象的碎片化为前提的。"(AO 12)

这种直接的不加任何道德考虑和伦理考虑的欲望连接方式被德勒兹和加塔利称为强度式的,而强度正是欲望机器的主要特征。如果采取一种不那么准确的表达方式,欲望的强度就是欲求的程度,这种欲求当然不是主体的欲求,而是无人称的,这种无人称性恰恰说明强度不是主体的心理状态,而是与物质本身有关,正是这种无人称的欲求构成了我们平时叫作主体的东西。我们前面已经解释了,强度(intensive)就是内部的差异(intensive),内-强的差异,表示对这种量的分割不能不以改变这种量的性质为前提。在物理学中,我们把像温度、亮度这样的量形容为有非加性(non-additivity)的特征,而把长度这种可以平均分割且不改变性质的量称作可加的(additivity)。相信大家都听过那个经典的讽刺笑话:给中国孩子和美国孩子一杯水,让他们不用火就让水达到沸腾。中国孩子把水在太阳底下晒了一天都没能成功,而聪明的美国孩子利用基本的加减法把四杯25度的水混合在一起就轻松地完成了任务。这个笑话的笑点就在于,温度这种量是不能通过相加得到的,四杯25度的水混合到一起是不能得到100度的水的,而把四个25 cm长的线段拼接到一起就可以得到一个一米长的新线段。同样,具有同样特性的欲望也是不能通过简单的分割和拼接分析出来的,虽然我们能够用一种量化的指标来定义,比如说一个三级的欲望要比二级的欲望更强烈,但是三级的欲望是不能通过二级和一级的欲望相加得到的。除了欲望的强度特征之外,我们还知道,由于欲望的特征是它的强度,这样客体本身的客观性质仍然不重要,重要的是欲望连接的强度。

这也就是为什么"部分"不能被理解为"整体的一部分"而是"自身是一个整体的部分",但更重要的是,强度的差异还意味着欲望机器的部分不是对所有对象都有同等强度的欲望。当克莱因在谈论部分客体的时候,她使用的是"part-objects",而德勒兹和加塔利使用的是"objet partiel"。在《反俄狄浦斯》的英文版中,译者提到,法语的"partiel"指的是部分的(partial)、不完整的,而英语的"partial"指的是偏袒的、不公正的。"我们在将术语 objets partiels 翻译为英文的'partial objects'而不是像克莱因一样翻译成'part-objects',并希望以此表现出德勒兹和加塔利不再像克莱因那样把部分客体理解为'……的一部分',也就是把它当作一个失落的同一或整体的一部分(克分子式的),而是把部分客体理解为不了解任何匮乏而且能够选择器官的不公正的,评判的强度(分子式的)。"[1]德勒兹和加塔利利用语言之间的含混性又玩了一场语言游戏。部分客体之部分性并不意味着它是某个整体的部分,而是意味着欲望机器的部分在进行选择的时候,会出于强度的考量更偏爱某个客体,对某个客体的欲求更加强烈。但我们不能因为这个客体在外延上来讲是属于另一客体的一部分(比如乳房属于母亲),就认为欲望的最终客体是这个整全客体本身(认为婴儿想要吃奶是因为我们恋母)。

---

[1] Gilles Deleuze & Félix Guattari. *Anti-Oedipus*. Trans. Robert Hurley, Mark Seem, and Helen R. Lane. New York: Penguin, 1977. p.309, translator's note.

欲望生产与社会生产？

这样一来,我们就只剩下最后一个问题需要解答:如果我们把部分客体当作它们自己对待,那么如何认识完整客体？怎样确保欲望生产和表面上静谧的、有教养的,但本质上确是压抑性的文化和文明,以及社会生产之间的平稳过渡？对此,德勒兹和加塔利的回答可以说是非常令人震惊的——他们说,我们不需要这种过渡,因为这种过渡根本就存在。欲望生产就是社会生产,它们不像在俄狄浦斯情结之中那样,需要欲望生产通过升华转变为社会生产;社会的工业和人性的自然其实是一回事。"事实就是,社会生产完全就是处在某种特定条件之下的欲望生产"(AO 38),或者,"欲望生产了现实,或者换一种说法,欲望生产和社会生产是一回事。我们不可能给予欲望单独分配一种特殊的存在形式,一种在假设上与社会生产的物质现实迥异的精神的或是心灵的存在形式。"(AO 39)欲望机器代表着欲望生产,欲望生产开动着欲望机器。这和进行着生产的社会生产没有什么本质的不同,后者只是前者在某些特定的历史、文化、经济条件下的扩大,因为对社会生产进行调控的不只是国家计划的形式化要求,更是欲望在宏观层面的体现。另一方面,欲望生产的投注常常是直接生产了社会资料。比如,原始社会的狩猎者通过打猎得到的猎物不只是属于他自己的或者他身边亲密的人的,更是属于他所处的社会的,况且在许多社会之中,人们不允许狩猎者直接享用他的猎物。不过这只是从本质上分析的理想情况,而现实情况是,社会生产和欲望生产确实是如精神分析富有洞见地发现的一样,是两个分开的领域,一个是个人心理的领域,一个是社会经济秩序的领域。不过德勒兹和加塔利在这里带来了一个惊天的逆转:如果社会生产本质上与欲望生产并无不同,那就说明这种欲望生产与社会生产之间的分离是由某种特殊的结构导致的结果,但俄狄浦斯情结之所以是现代社会的病症,就在于它是资本主义社会的病症,因为包括现代社会在内的一切社会形式都倾向于将宗族、权力和经济目标抽象为独属于社会架构本身客观追求,与特定个体的欲望和利益无关。而精神分析通过发现俄狄浦斯情结并将其广泛应用到社会脱节的心理疾病中加深了这一分离,也抽象化了人与自然,人与社会,以及自然与社会的关系本身。也就是说,精神分析并没有把我们从俄狄浦斯情结中拯救出来,而是利用俄狄浦斯情结与资本主义共谋,把我们进一步"俄狄浦斯化"了。这样,向精神分析宣战的分裂分析所要完成的任务就是戳破这层名为"治疗"的谎言,并且通过欲望机器恢复我们被压抑的欲望来建立真正的欲望运作机制,并带来真正的治疗。

俄狄浦斯情结为何是独属于资本主义的?精神分裂如何是属于资本主义社会的病症?俄狄浦斯情结又是怎样与资本主义共谋,让俄狄浦斯象征的家庭和个人心理学与作为整体的社会领域脱离开来,从而进一步限制和压抑我们的欲望?仅仅概述了基本内容和大致目标的第一章并没有给我们提供这些问题的确切答案。而在全书的剩余部分,德勒兹和加塔利会用大片笔墨来分析精神分析独特的运作机制,以及它是怎样通过抽象化和象征化这种运作机制来掩盖真实的欲望。不过现在,在了解了欲望机器、无器官的身体、部分客体等概念之后,我们可以给出一个模糊的答案:俄狄浦斯情结压抑了欲望生产和欲望机器,它对部分客体有一种错误的理解,并且让无器官的身体发挥了错误的功能。

那么欲望生产的真实运作模式是什么样的？欲望机器在这里起到了什么样的作用？而欲望机器和无器官的身体这两个分别代表生产和反生产的概念又在欲望生产过程中服从怎样的规则？这将是第三章的主要内容。但在继续前进之前，让我们将一段话铭记于心：

> 如果欲望进行生产，那么它的产物就是现实。如果欲望是生产性的，那么只有在现实世界中它才是生产性的，而且只能生产现实……现实是终端产物，是作为无意识的自动生产的欲望的被动综合的结果……欲望的客观存在就是实在界本身。（AO 34）

第三章　欲望生产及其综合

《反俄狄浦斯》的第二章叫作"精神分析和家庭主义:神圣家族",这很明显是对马克思和恩格斯所著的同名书的致敬。1844年,恩格斯来到巴黎短住,同住在巴黎的马克思向恩格斯提议一起写一本书来批判当时如日中天的黑格尔左派,《神圣家族,或对批判的批判所做的批判》(*Die heilige Familie, oder Kritik der kritischen Kritik*)就是这一针对性批判的产物。这个由出版商提议取的书名把矛头直指鲍威尔兄弟,也就是布鲁诺·鲍威尔和埃德加·鲍威尔和他们的支持者,这些青年黑格尔学派学者追随黑格尔的脚步进一步完善和发展黑格尔的哲学体系,并在当时的学术界取得了很大的声誉和很高的地位。考虑到马克思早期追随费尔巴哈的脚步,把凭借黑格尔哲学体系带至最高峰的唯心主义辩证法视作与神学和统治阶级意识的同谋,并且把黑格尔所说的绝对精神(absolute spirit)脱离具体社会、历史和政治环境构建的自我虚幻而抽象的辩证上升运动说成是麻木人类能动性的"虚假意识"(false consciousness),从而直接导致资产阶级一方面奴役和剥削无产阶级,另一方面又使用某些形而上学的术语制造出某种幻觉,向他们隐瞒这个事实。我们自然就可以把《神圣家族》当成是马克思和恩格斯提出无产阶级要通过实践来改造世界等等一系列鞭辟入里的马克思主义理论的前奏。在这里,"家族"指的就是以鲍威尔兄弟及其支持者为代表的青年黑格尔主义者,他们用思想的抽象运动代替现实的真理,并通过完善与巩固唯心主义辩证法作为资本主义官方思想的地方成为资本主义政治、哲学乃至宗教正统的代言人。他们就像一个只手遮天的家族帮派垄断生意一样垄断社会思想,"神圣"就特指他们所代表的思想在国家精神里占据着至高无上、不容反驳的地位。对于马克思来说,取消这一神圣家族和他们代表的具有麻醉和哄骗性质的理解世界的神圣理论的,就是一个由无产阶级劳动者构成的通过社会实践来改造世界的大众。

而在德勒兹和加塔利看来,俄狄浦斯情结就是20世纪资本主义社会的"神圣家族"。这里的家族不仅指弗洛伊德及其众多后继者创建并发扬的精神分析学派,更是被这个学派当作首要分析工具的俄狄浦斯情结本身,而因为这一理论和实践方法在心理学和法国思想界占据的重要地位,也是神圣而不可侵犯的。在这一架构之下,资本主义社会机制运转良好,高等的欧洲文明处处都是一片滴水不漏的美丽景色,如果你的心理出现了问题,奉劝你在找心理医生之前先思考一下自己的家庭环境:爸爸-妈妈-孩子的三角结构;你爸爸有没有惩罚过你,你妈妈有没有疏远你,我打赌你小时候一定很恨你爸爸,而且喜欢你妈妈,你这个变态!一切的社会问题和心理问题都要被追溯到家庭问题,"听说你精神不正常,回去问问你爸妈吧,然后再让我们看看你悲惨的童年",精神分析师对坐在沙发上的患者如是说。以俄狄浦斯情结为代表的精神分析方式把一切都追溯到家庭因素,从而让社会免罪,家庭和社会分别作为微观环境和宏观环境彻底被分离了。

那么,我们或许应该认为奴役并压制现代人的精神并且教化了文明素质的俄狄浦斯情结是精神分析一手炮制出来的惊天阴谋吗？我们应该认为所有悲惨的童年经历，所有复杂的家庭关系，以及所有严重而复杂的童年创伤对我们人格的影响都是精神分析畸形的分析逻辑强加给我们的？或许如果没有弗洛伊德，就不会有社会化失败的边缘人？这当然不可能是真的，因为首先，精神分析不可能有这么大的能力对我们的心智产生如此大的影响，而且早在精神分析理论初露矛头并且发展成熟的18至19世纪之前，人们就普遍存在心理问题了，只不过当时的人们对待那些错乱和疯狂的方式与现代人大相径庭。德勒兹和加塔利认为，心理问题和精神疾病的确是自然产生的，而就其辨别了不同的病症并且将它们冠以不同的学名这一方面，精神分析做出了很大的贡献。不过，是否这样，精神分析就有权力用同一种方法来对之前时代的所有历史性文本作出心理分析？俄狄浦斯王遭受俄狄浦斯情结的折磨，莎士比亚也是如此吗？狼孩遭受着父亲的折磨、母亲的抛弃，而哈诺德(Hanold)也以类似的模式忍受着格拉迪瓦的幻象吗？① 难道李尔王也是如此？难道一系列人物都是同一个抽象人物在历史舞台上的多次登场，而历史，无论是社会历史还是个人历史，只是同一出希腊戏剧的无

---

① 诺伯特·哈诺德(Norbert Hanold)是德国作家威廉·延森(Wilhelm Jensen)的小说《格拉迪瓦》(*Gradiva*)的男主角。这位年轻的考古学家在一次参观博物馆时见到了一块浮雕，并不可救药地爱上了浮雕中的女子，将其命名为"格拉迪瓦"。对这位不存在的女性的病态之爱让他陷入了幻觉。弗洛伊德的专著《威廉·延森的〈格拉迪瓦〉中的幻觉与梦》(*Der Wahn und die Träume in W. Jensen's "Gradiva"*)就是对这部小说和其作者所做的一次精神分析式解读。德勒兹和加塔利同样在《反俄狄浦斯》中提到了弗洛伊德的分析。

尽重复？答案当然是否定的，正是俄狄浦斯情结过度的抽象化和普遍化导致了现代人的心理禁锢。

真实的欲望、难以言喻的激情、让人魂牵梦绕的记忆、被文明禁止的见不得人的秘密，这些都是我们存在于这个世界上最真实的生命体验，俄狄浦斯情结只有忽视并且抛弃它们才能让自己立于不败之地；只有假设在这些真实之下隐藏着更加抽象的真实，一种无意识的心理戏剧，才能维持自身的系统性和普遍性。因此俄狄浦斯情结并不是一个普遍的"核心情结"（nuclear complex/complexe uncléaire），能够导致也同样能解决我们的精神疾病的也不是亘古不变的"核心家庭"（nuclear family/famile nucléaire），这些东西都只是分析的结果和抽象化的原则。当精神分析师使用的原则是普遍的时候，并不意味着原则对于所有人来说都是普遍的，而是精神分析师想要使用一种普遍的原则，所以他们假设这原则对于所有人来说都是适用的。俄狄浦斯的戏剧不仅是索福克勒斯的戏剧，也是弗洛伊德的戏剧，不过，更是每一次在精神分析师的沙发躺椅上上演的戏剧，虽然具体情节总有差异，演员也有变换，但是角色总是一样的，而结局也从未改变。

对于德勒兹和加塔利而言，我们真实的生命体验永远是由处在无意识中运作的欲望生产构建的，而俄狄浦斯情结只会套用同一个结构试图囚禁本性上不同的多样性和真实性，这就是为什么精神分析师表面上很乐意听患者躺在沙发上讲他的故事，但实际上是在"碾压和窒息演说"[①]——分析师早在患者开

[①] 吉尔·德勒兹：《两种疯狂体制：文本与访谈（1975—1995）》，大卫·拉普雅德编，蓝江译，南京大学出版社，2023年，第74页。

口之前就知道应该说什么了,他让患者开口只是为了用一些名词填补空白,在永恒的角色的名字的后面用寥寥几笔填上对应演员的名字。因此,生命所面临的困惑和疑难远非源于被隐藏的肮脏秘密和这个秘密以伪装形式的显露之间的对立,而是源于"结构的和想象的俄狄浦斯和被俄狄浦斯碾压和压抑的另一种东西:欲望生产——那些不再让自己被简化为结构或者个人,而是建构超出象征界和想象界或是在它们之下的实在界本身的那些欲望的机器"(AO 61)之间的对立,精神分析虽然没有创造俄狄浦斯情结的能力,但是它通过发现俄狄浦斯维持并巩固了俄狄浦斯,这导致俄狄浦斯情结不仅仅压抑了真实的欲望,还通过把欲望压制在"神圣家庭"的范围内使欲望生产和社会生产的领域完全分离,从而压抑了任何把问题的根源定位在社会领域的企图。从这一点来讲,俄狄浦斯与它脱胎的现代资本主义共谋。

只有通过发现欲望并忠实于欲望,我们才能够解放欲望。欲望从不会因为内疚而压抑自己,也不会因为害羞而伪装自己,只会用最直接的方式表现自己。当然,"有教养的"和有着讳莫如深的繁文缛节的文明只有通过压抑不得体的欲望才能建立起来,现代社会就是靠着这种不给他人带来麻烦的默契高效运作的。但难道文明的繁荣和先进不总是只有对那些享受着文明带来的便利和奢华的才显得如此值得赞美,而对社会的底层人、文明的边缘人和那些在建立文明的过程中牺牲的原住民,总是残忍和冷漠的吗?而且,难道不仅仅是在同意生活在虚伪的文明之中而不惜一切代价的基础上,为了体面和优越牺牲真实的欲望乃至真实的自己才是可以接受的吗?俄狄浦斯情结之所以是独属于现代人的病症,乃是因为现代社会总是告诉人们什么是正确的,什么是最明智的,什么是最符合规则的,却从来没有告诉过人们什么是真实的。与此同时，俄狄浦斯情结之所以能够获得宗教一般的神圣地位，恰恰就在于它的普遍性：这些发生在你身上并不是你的错误，而是人类心智普遍的错乱，而只要你跟其他人没什么不同，就没什么大不了的……对疯狂的恐惧消失了，而取而代之的是离群的恐惧，因为像大多数人一样活着，像社会所期望的那样活着尽管可能不是最正确的，但总也不差。一种对规则的崇敬和相对的内疚就这样被内化了，而对生命的渴望就如此被人遗忘了。

欲望生产则完全不同。它总是同时关系到由欲望机器代表的生产和无器官的身体代表的反生产之间的交替运行，这一过程完全在无意识内部进行，是内在的、自动的，欲望按照自己的节奏和偏好连接机器，断开机器，再连接新的机器，如此循环往复，完全没有任何先验的外在规则作为准绳。当然，欲望生产就其本身不是完美的理念，而是欲望的真实运作方式，它总会出现自己的问题，在生产与反生产的循环交互之中以及在多种欲望连接之间的关系中有时会产生一些虚假的观念，让人们误以为欲望的运作是由某个外在的元素决定的，这时欲望生产就会划入先验运作的谬误之中。但是不管怎样，错误是在欲望生产内部出现的，之所以这个错误被叫作先验谬误，就是因为人们误以为有一个先验的外部元素决定了整个欲望生产过程，而这个先验元素其实从来都不存在。但是，一旦俄狄浦斯情结出现并且占据了这个先验谬误的位置，它就成为了具体化的先验准则，这压抑了欲望生产，并使得完全主动的欲望生产被转化为了被动的消极的运作。

不过，俄狄浦斯情结仅仅是其中最具代表性的一种，在欲望的生产过程当中，欲望机器可能会被转变为不同类型的机器，它们分别代表着从不同角度对欲望生产的自动过程的误解,正是这些内在于欲望生产的机器故障为俄狄浦斯情结的出现提供了土壤。《反俄狄浦斯》的第二章因此主要有两个要点。第一,书接上一章,对欲望生产的具体运作方式进行详细的论证,这包括正常运作情况以及发生故障的情况,也就是欲望生产过程的内在运作和超验运作;第二,通过论述这些故障和对应的先验谬误是如何从欲望生产内部运作之中产生出来的,使我们意识到,俄狄浦斯情结并不是一个绝对的、自足的、抽象的普遍规则,从而揭露精神分析的神圣谎言,这就是对俄狄浦斯情结的内部批判。

欲望生产及其三种综合

在之前的第二章中,为了不让不必要的差异对读者产生困扰,我们曾经将欲望机器和欲望生产暂时画上等号,来强调与传统的匮乏概念相比生产式的欲望在建构上积极性和自动性的特性。但是在这里我们要指出,欲望机器和欲望生产两个概念尽管关系密切,但它们实际上是两种不同的东西。欲望生产是欲望积极自动建构自身的过程,不仅同时包括了生产和反生产两个对立却互相依赖的过程,还暗示着它永不停歇地在生产和反生产之间频繁切换并通过这种方式生产了我们的现实。与此同时,欲望机器是一种特定的构型,或者说装配(assemblage/agencement),是用来理解欲望到底以何种方式进行连接和满足的一个"抽象"而并非普遍的概念,是欲望生产的"结果"和表达形式。在这两个被打上引号的词语中,"抽象"指欲望虽然经常通过连接的方式构成机器,但构成什么样的机器、机器的强度和机器执行的功能等等一系列特征对于每一个新机器来说都是不一样的；而"结果"代表了欲望机器并不是欲望生产的终端产物，这不仅是因为欲望生产就其自身的运行方式，始终是欲望机器的建构和破坏的循环往复的无尽过程，还因为欲望生产过程自身的模糊性会导致不同的理解方式。

在对欲望和机器的理解限制在何种范围的了解基础上，我们能够继续论述欲望是如何构成机器的，以及在这一整个过程中主体占据了什么样的地位。欲望是自行建构的，没有外部力量对连接方式的规定，也没有对最终产物的规定，这种模式基本上符合于德勒兹在《差异与重复》中提到的被动综合（passive syntheses/synthèses passives）。欲望生产在无意识之中的综合一共有三种，按照德勒兹和加塔利论述的顺序，它们分别是生产的连接性综合（connective synthesis of production/synthèse connective de production）、记录的析取性综合（disjunctive synthesis of recording/synthèse disjunctive d'enregistrement）以及消费-完满的合取性综合（conjunctive synthesis of consumption-consummation/synthèse conjonctive de consommation），它们分别对应特定欲望机器的生产、多条共存的欲望回路的生产以及主体的生产。在综合的过程中，有三种复合机器出现了，即偏执狂机器、奇迹化机器（miraculating machine/machine miraculante）和单身机器（celibate machine/machine célibataire）。之所以称它们为复合机器，是因为这些机器都是在欲望机器的基础上构建起来的，是对简单的连接性欲望机器进行的复杂操作。

从欲望生产的角度来讲，原初的欲望建立连接寻求满足的方式是自组织、自决定、盲目且自由的，这使得欲望不服从任何外部规定。也就是说,欲望作为逻辑上最先出现的能量,不仅不受主体理性的约束,也不被社会和文化的价值观制约,反而正是后者规定的某种道德系统或者礼仪结构使得某些欲望成为了社会和文化有意排除的不得体思想和行为,从而压抑了从本源而言是正常的欲望。欲望生产的运作虽然隐秘,但却从来没有意图隐瞒自己的真实性和肯定性。但是虽然欲望生产服从自己的步骤,不过三种综合却并没有严格的先后顺序。尽管从逻辑上讲,没有第一种连接的综合,就不会有第二种综合中多种被记录的欲望回路的共存和排布,而没有第二种综合,就不会有第三种连接中被生产出来的强度的游牧主体。但是这三种综合却毋宁是同时发生的,对欲望生产的过程和结果有着同等的影响。因此,我们可以将连接性综合看作欲望机器的本质,也就是其他两种综合的基础,因为如果欲望不通过连接两个机器组件的方式而通过对流的切割进行连接并且构成机器,我们就不能认为欲望是成功地在进行运作,然而,记录的综合与消费-完满的综合是同时进行的,因为它们不必等待连接的完成。一旦我们将三种综合看作欲望机器从简单到复杂不断趋于完善的建构过程,就好像它们是一本叫作"欲望机器组装方法"的说明书上的三个步骤,似乎很容易把欲望机器和现实机器的特征混淆起来。这一方面是因为,三种综合构成了一个开放的循环,这使得欲望机器能够不断重组,不断重新开动,另一方面更是因为,根本不应该有"完成了"的欲望机器。

不过,在这一部分最重要的一点就是,对于两位作者来说,欲望生产及其综合并不是一个形而上学系统中的一个推演部分,尤其是当我们考虑到,第二章中德勒兹和加塔利很重要的一个目标就是证明现代社会关于欲望的许多偏差理解恰恰是诞生于欲望生产过程内部的。由于欲望生产自身的复杂性,我们很有可能会陷入把结果认作原因,把产物认作为生产过程的片面理解,而精神分析的错误恰恰在此:精神分析并不是捏造了什么从来不存在的抽象结构,而是颇有洞见地发现了欲望的某些病症,却过快地把这些现象误认作是这些现象的直接原因。针对欲望生产特有的模糊性和两可性,德勒兹和加塔利在着手处理第一个综合之前就委婉地作出了提醒:"对于无意识的种种综合,实际的问题是它们合法或者非法的使用,以及决定综合的使用是合法或是非法的条件。"(AO 80)这也就是说,如果我们正确地理解了欲望生产及其条件的所谓合法的一面,我们就会看到欲望生产是一个肯定积极的过程,而一旦采用了非法的视角,欲望生产就会整个反转,成为被规定的被动过程。这在后面被德勒兹和加塔利称作欲望生产的本性(nature)和体制(regime)之间的区别,"它的本质是它能做什么,或者可以说是它的能力(competence);而它的体制是它在施行自身的能力时做了什么,或者可以说是它的表现(performance)。"[1]简单来说,欲望生产的本质就是其运作的方式,而体制就是人们将其看作什么。这样,合法的理解就是欲望生产的本性,是关照欲望生产内部运作的内在理解,而非法的理解就是欲望生产的体制,这是当我们试图从外部来统观整个复杂的欲望生产过程,调转了原因和结果的逻辑顺序从而导致的超验理解。俄狄浦斯情结正是后者的整个精细化和理论化,从不同的角度分别代表了对偏执狂机器、奇迹化机器和单身机器的先验态度。

---

[1] Ian Buchanan. *Deleuze and Guattari's* Anti-Oedipus: *A Reader's Guide*. London: Continuum, 2008. p.68.

有三种复合机器,分别代表着三种倾向,在它们没走太远之前都是正常现象。其一,偏执狂机器。无器官的身体与欲望机器之间相互排斥,拒绝欲望生产,无器官的身体不能容忍欲望生产的连接,想要把一切连接都拆散。其二,奇迹化机器。欲望机器和无器官的身体互相吸引,无器官的身体不再是反-生产的混沌构型,而是作为铭刻着欲望连接可能性网络表面的能动元素。这些连接的范式虽然是欲望生产记录在无器官的身体之上,但他们的吸引和联合就显得好像是这些连接不再是痕迹,而是原初的刻印,是他们按照规则引导构建了确定的欲望机器,这样欲望生产就不再是主动且自动的机器过程,而是被动的服从的机械步骤。其三,单身机器。一种构型被召唤来和解自由欲望和固定欲望之间的对立。欲望在召唤出一个分身,及携带着特定强度欲望的游牧主体之后,进一步肯定了自身的存在(So that's what it was！"我"是由特定的欲望构成的),而且从这个角度上来说,构成"我"的欲望清晰地知道自己能够被什么样的东西满足,所以这也是一种"生成",因为随着欲望接触到满足他的对象,主体就通过一种过渡转化成另一种东西,也就是说欲望的张力需要通过物质性的生成转变来化解,而这种转变不是为了模仿和再现,而纯粹是因为欲望内在动力的推动。但是我们可能会将这种主体当作提前存在的,而把本质上构成主体决定主体的欲望当作是被主体拥有的欲望。

第一综合:连接性综合(生产的生产)

连接性综合

从某种角度来说,生产的连接性综合是欲望生产最基础的综合形式。正如连接这个词所揭示的一样,它直接涉及欲望的生产以及欲望机器的连接,是欲望能够进行生产的前提条件。霍兰德认为连接性综合是三种综合中最容易理解的一种,因为它与弗洛伊德的"冲动"和"心理投注"等概念关联密切。[①] 的确,连接综合是三种综合中最容易理解的一种,因为它直接涉及欲望对象是如何被捕获在欲望的生产过程之中的。为了让欲望机器能够进行连接,就至少有两个机器部分,就像第一章的开篇提到的,一个源头-机器和一个器官-机器,这个源头机器以流的形式释放欲望,而器官机器通过截断,或者以更容易理解的方式,截取这个流与源头机器进行连接,使欲望的生产得以开动。不过,在连接综合和弗洛伊德的理论建立一个等同或至少是平行的关系,需要冒很大的风险才能做到,因为尽管德勒兹和加塔利在论述过程中确实用了很多精神分析的术语,但他们极大地改造了它们的含义,我们一点一点来看。

生产的连接性综合基本上囊括了第二章所提到的有关机器的大部分特征。我们还是用嘴-乳房的机器连接来做例子,在这里,我们可以充分展开在前一章中因为概念的缺席而被迫作出的简短论述。嘴-乳房是一个组合而成的机器,其中乳房是一个源头-机器,它能产出在观念上是物质的而且源源不断连续的流,也就是提供营养的乳汁,而嘴是一个器官-机器[器官并不意味着器官化/有机体化(organized),只代表满足欲望的功能],通过与乳房连接来截断乳汁,并且正是通过截断这个流使得流进入现实的连接。从另一个角度来说,嘴有与乳房进行连接的主动的、自动的欲望,或者用弗洛伊德的术语来讲,力比多或者冲

[①] Eugene W. Holland. *Deleuze and Guattari's* Anti-Oedipus: *Introduction to Schizoanalysis*. London: Routledge, 1999. p.26.

动(drive),不过这并不像弗洛伊德认为的那样在本质上与性欲有关,但同时也不是去性化(desexualized)的能量。因为在弗洛伊德那里,性总是不可避免地被还原为人与人之间的性关系,从而自然而然地添加了伦理、道德和经济现实的考量,而德勒兹和加塔利将欲望描述为性的是为了表达欲望不受控制的动物性,以此与理性的管控相区分。无论是为了满足获取营养的欲望,还是吮吸的欲望,嘴这个器官机器凭借自身的强度与乳房连接,并且以截断乳房发散的流的方式使真实的欲望回路得以建立,欲望由此得以满足。

一方面,嘴和乳房这两架机器构建了一个上级的嘴-乳房机器连接,另一方面,嘴和乳房并不事先属于某个主体,连接的方式也不是主体间性的,而是强度的,也就是说嘴这个独立的器官-机器仅仅在寻找那个"最能够"满足欲望的对应物,而无需被还原到其在生物学上归属的那个生物体或者一个认为万物归于同一性的思维构建的主体。这样,嘴和乳房既是部分机器,又是部分客体,这种"部分"保证了连接的直接性和物质性,同时排除了这个直接的连接过程中任何复杂的思辨要素。不过就其尚未进入任何确定的和现实的(actual/actuel)连接中而言,部分机器是潜在(virtual/virtuel)的,就其能够进入连接并进行生产而言是真实(real/réel)的,"从特定的视角来看,可能是实在的反面,可能与真实相对立;但是以一种不同的方式,潜在与现实相对立。"[①]这样,在精神分析师天花乱坠地分析婴儿吸吮母亲乳头这个行为这种隐含的任何性意味和乱伦意味的时候,分裂分析

---

① Gilles Deleuze. *Le Bergsonisme*. Paris: Presses Universitaires de France, 1966. p.99.

只会用鄙夷的眼光给出一个简短的回答:他这么做只是因为他想做,除了欲望之外不需要任何其他原因;欲望之下没有任何秘密。

由于欲望的边际递减效应,也因为多种欲望回路同时争夺欲望机器的连接,欲望机器自身欲求连接的断裂。随着欲望被满足,嘴-乳房的机器也逐渐解体,嘴和乳房这两个部分机器不再维持原来的连接,而是各自独立存在,或者说,它们这时候以一种互不相干、尊重对方独立性的方式"共在"。这样,就需要有一个场所来容纳这些独立的部分机器,这个场所就是"无器官的身体",只不过从理论上来说,无器官的身体在这时尚未存在。这个场所还存在着其他欲望机器释放的部分机器,这些部分机器杂乱无规则地共存一个"空间"之中,各自按照自己的本性横冲直撞鲁莽行事,只要两个部分机器感受到了它们之间的连接能够带来满足,它们就会不管这种连接是否符合自然规则或者社会规范凭借"直觉"和"本性"行事,比如虽然手指并不能提供任何营养,嘴还是会与手指连接起来形成吮吸机器,或者在更极端的情况里,例如异食癖患者会吃玻璃或者泥土之类的东西满足自己的欲望,这种欲望当然不会带来任何实际益处,只是因为欲望本身能够得到满足。当然,对于作为需要生存的生物性人类来说,更正常的情况是嘴这个器官机器还能和别的部分机器连接满足不同功能的欲望,比如在嘴截断了属于乳房的乳汁流之后,还能截断空气流成为呼吸机器,截断水流成为饮水机器,或者是截断呕吐物的流成为呕吐机器,如此等等。只要有足够强度的欲望,任何两个部分机器之间都可以建构满足欲望的生产性连接,不存在某个绝对有限的连接方式,也不存在任何同一性的外部规定。因此生产的连接性综合的逻辑被德勒兹和加塔利描述为"然后……再然后……再然后"的顺序逻辑，而欲望机器的流-截断的无意识连接是异质性的。因为连接性综合的产物是生产着欲望的欲望机器，所以第一综合同样是被称为生产的生产（production of production/production de production）。

偏执狂机器

虽然严格来说，偏执狂机器和奇迹化机器都是源于无器官的身体和欲望机器之间的不同关系，而无器官的身体在第一综合中还未获得任何积极意义，但由于偏执狂机器作为无器官的身体和欲望机器两者排斥的结果在本质上更侧重于欲望机器的连接这一端，或许在第一综合和第二综合的交界处介绍偏执狂机器更能够凸显两者之间的巨大差异。欲望机器实际上是一个二元论的结构，总是包括一个释放流的机器和一个通过截断连续流来与源头机器进行连接的机器，而这两种机器可以被看作是完整欲望机器的部分。我们已经提到过，一旦欲望机器中止已有的连接，虽然严格来讲部分机器对于欲望来说是不能够以独立的方式现实存在的，因为我们只能够从成型的欲望机器回过头去构想部分机器的概念，但我们可以想象这些部分机器会接触连接后退回到一个类似于储存场所的地方潜在地共存，以便为新的欲望连接提供机会，这个场所就是无器官的身体。因此，如果欲望生产想要顺利进行下去，生产与反生产需要构成一个良性的循环，欲望机器的构建和拆解就要维持一个和谐的节奏，从而保证欲望被满足了的机器可以随时被放弃、被解体，而满足新欲望的连接能够被持续不断地更新建立起来。如果我们采取广义的理解，偏执狂机器就体现了这种无器官的身体对特定组织化的欲望机器的拒绝，这种拒绝是为了构建新的欲望机器。这就是为什么德勒兹和加塔利重释了弗洛伊德学派的"原初压抑"(primary repression)概念。在他们看来,之所以这种差异是原初的,是因为这种对欲望的压抑其实是内在于欲望生产过程之中的自我调控,达成防止欲望生产持续不断地进行同一种连接的目的。而且这种压抑实际上是发生在欲望之流的微观领域的,而非像维克托·陶斯克所说,通过以成型的"有器官的身体"及生殖器官为基础的投射达成。实际上,德勒兹和加塔利的观点与弗洛伊德在一个关键点上是一致的,即原初压抑使得某些表象从一开始就被排除在意识的领域之外,但是他们的不同在于,弗洛伊德认为这些受制于原初压抑的欲望是属于本我的,但是在德勒兹和加塔利看来,欲望在本质上是不能被归到任何整全客体之上的。

然而从狭义来讲,偏执狂机器意味着反生产的力量超越了生产的力量,使得两者的平衡被打破,导致欲望生产被压制。这时,反生产就不再是我们曾经提到过的作为连接性综合内部的边际效应的自然出现的反生产,而是一种从外部施加的力量。反生产将毫无任何创造性能量的死寂看作正常状态,并因此将运作着的欲望机器看作对这种宁静和安稳的威胁,因此这种反生产不但抑制了连接性综合的生产性,还抑制了无器官的身体内部潜在的生产性。它不仅想要拒绝已经结成的生产性连接,还想要将部分机器永远保持在潜在状态,拒绝任何可能的生产。"对链接的、连接的和再截断的流,它用未分化的无形流体来进行反对。对有语音结构的词,它用呼吸与哭喊这些未分节的聚块来进行反对。"(AO 15)在这种情况下,欲望机器和无器官的身体便开始互相排斥,欲望生产正常的进程受到了阻挠。"这就是偏执狂机器的真正意义:种种欲望机器想要闯入无器官的身体,但是无器官的身体却排斥它们,因为它把这些欲望机器当作一个整体迫害装置(appareil de persécution)。"(AO 15)

在这段引文之中,"迫害"(persécution)这个词极为关键。首先,它表现了无器官的身体对任何欲望生产连接的拒绝;其次,它表现了偏执狂所有的一种迫害妄想的倾向,因为它认为无动于衷的非生产性的沉寂是最无辜的状态,任何生产带来的改变波动都会表现为对这一状态的倾覆。但是,这种状态并非无器官的身体的本性,毋宁说是偏执狂机器出于自身的因素对无器官的身体进行的一种误认。反生产确实会在某些情形之下呈现为一种表面,但这种表面本质上是动态涌动的生产潜能在某一瞬间呈现出来的切面,无器官的身体的确抵抗任何严格的组织化倾向,但这是为了新的组织化或器官化生产得以可能。换句话说,这个表面是流进行运动的表面,而不是消灭任何流的表面。然而,一旦偏执狂机器越过了这个表面的界限,想要将这种瞬间的静止延伸至永恒,想要将再组织化化约为无组织化,由此将一张象征着欲望的死亡的静止表面覆盖在无器官的身体之上,以此隔绝了无器官的身体与欲望机器之间自然的交换与渗透。

由此,我们可以更好地理解偏执狂机器中出现的无器官的身体与欲望机器之间出现的排斥。排斥并不意味着无器官的身体通过驱逐一切可能的欲望机器能够完好地保留自己的特征,反而制造了一个作为无器官的身体之幻想的表面。这个被构造出来切割了欲望机器与无器官的身体的表面被德勒兹和加塔利称为"匿名的"。正是因为偏执狂机器制造出来的这个表面既不是欲望机器,也不是无器官的身体本身。偏执狂机器最终使无器官的身体成为一个"作为障碍的平滑的、光滑的、模糊的、整洁的表面"(AO 15),一个没有内容和形式的绝对的反生产。欲望生产的工厂停工了。然而,排斥永远都不可能是完全的,两者之间仍然存在着一定程度的吸引。同时,偏执狂机器的匿名性指出,在偏执狂机器中欲望机器的存在并没有被完全消除,而是代表着反生产的主导地位的无器官的身体与欲望机器共存。偏执狂机器的迫害妄想现在促使它对欲望生产进行严格的管控和约束。既然彻底根除欲望机器,回到无器官的身体最纯粹的无生产状态是不现实的,那至少要保证现在的生产状态不被新出现的欲望机器所破坏。因此,现在它不是不加选择地排除一切可能的欲望机器,而是仅仅排除那些被它辨别为有改变现在状态危险的新连接,无器官的身体就是这样对能够使得欲望生产保持稳定的连接进行挑选,从而达成了对欲望生产的控制。因此在偏执狂机器中,一直有能量被不断投入生产过程之中,但这些生产方式已经为了系统的稳定被固定下来,没有变化的可能。如果不从这个角度相对地理解偏执狂机器的排斥倾向,那么两位作者随后将其称为"远古律法"(ancienne Loi)就是不可理解的。

由此我们就能够理解德勒兹和加塔利对轻度的偏执倾向和病理性的偏执狂或者说妄想症(paranoia)作出的区分。对于他们而言,偏执狂机器虽然代表了欲望生产由于排斥导致失调的趋势,但实际上是无关痛痒的,因为通过压制既存的欲望连接。新的连接允许被生产出来,或者压制某些不必要的欲望,反而能够确保特定欲望生产的完成。"那些轻度的偏执狂患者没什么大问题,他们不是坏人。他们只是想让机器能运作起来。他们甚至很善于创造;轻度偏执狂不是病,他们并不需要任何人(来帮助他)。"[1]而病理性的偏执狂,也就是那些存在重度妄想的人,则确实会给欲望生产甚至社会带来很大的困扰,尤其是当我们考虑到德勒兹和加塔利把偏执狂这一极与人们对法西斯主义自发的拥护联系起来。当偏执狂进展到了病理学的程度时,就表现为严重的妄想和幻想,偏执狂患者会认为发生在他周围的一切事情都可以归因到同一个合理的解释上,而这个解释不是他通过对世界进行实际的解释而发现的,而是强迫性地在脑子中编造出来的,并且要求所有多样的现实必须服从这个解释。因此一切看似不经意的小事实际上都揭露了一个惊天大阴谋,这种阴谋有可能是个人的迫害妄想,比如某一群体正在缜密策划对某个患者的谋杀,他会把一切随机的自然信号按照唯一的模式进行解读,即以各种方式体现了隐秘的迫害。当然也有可能是任意一个特定观念,比如电影《小野田的丛林万夜》讲述了一个真实的故事,日本士兵小野田在第二次世界大战结束前夕被派往小岛施行日本军队的战略计划,但他脱离社会,因此没有收到任何战争结束的官方通告。因此,直到1974年他都坚持认为二战尚未结束。日本政府派人试图向他解释战争早已结束的事实,通通被他解释成敌军诱降的手段。又比如其他任何类型的阴谋论,认为世界是被某个隐秘的结社组织控制的。这就是无器官的身体通过对新的欲望机器进行的排斥而导致的对特定欲望生产方式的规定与束缚。我们也由此理解了,为什么在上面的引文中,迫害装置实际上是偏执狂机器最显著的特征:"偏

---

[1] Gilles Deleuze. *Seminar on Anti-Oedipus* Ⅲ, 1973 – 1974, available at <https://deleuze.cla.purdue.edu/seminar/anti-oedipus-iii/> (accessed May 6 2025).

执狂的一极,我们可以把它简单地称为法西斯主义的,反动的欲望投注(investment/investissement),它让欲望机器从属于巨大的压迫装置,属于国家或者机器的压迫装置。"[1]无器官的身体之所以不愿意接受欲望机器,是因为欲望机器的自由连接有可能导致现存的欲望体制被颠覆。因此,偏执狂机器提前判断某些欲望是可行的,是好的,并且排除那些不符合要求的坏的连接,最终规定了欲望生产的不可违背的确切形式,这一形式在心理学里勾连起来指向一个巨大的、不切实际的幻想,一个隐秘的终极的欲望模式,在社会领域则规定了符合文化、政治、道德和经济各个领域要求的思考和行动,呈现为特定社会中可行的欲望投注形式。

很明显,当偏执仅仅是轻度的,仅仅是为了让欲望机器的运作能够继续下去的时候,欲望生产就能够保持自身的内在性,而当其演变为完全的偏执狂机器或者是病理性的妄想症的时候,欲望生产就偏离向先验的维度,假设有一个必须服从的庞大准则指导着欲望生产的每个步骤。德勒兹和加塔利指出,精神分析的治疗方式,特别是俄狄浦斯情结的理论结构,就是典型的偏执狂式的。精神分析发现了病人的妄想,但是俄狄浦斯情结无法治疗幻想,反而通过让病人的心理默认服从于俄狄浦斯的结构代之以一个更大的妄想,这个表现为家庭戏剧的心理结构就是比一切特定妄想更深的终极秘密,而所有妄想的表现都是在遮掩这个原初之物。到了拉康这里,偏执狂机器获得了进一步

---

[1] Gilles Deleuze. *Seminar on Anti-Oedipus* Ⅰ, *Logic of Flows*, 1971–1972, available at <https://deleuze.cla.purdue.edu/seminar/anti-oedipus-i/> (accessed May 6 2025).

的完善。"拉康所做的全部便是让精神分析从俄狄浦斯装置过渡到偏执狂机器。一个巨大的能指收容了种种符号,让它们维持为一个系统并且组织他们的网络。对我来说这就是偏执谵妄的判断标准:符号构成了一个网络,而且符号指向其他符号。"[1]如果说在弗洛伊德式的精神分析之中,患者的自述还能勉强作为文本或者故事获得自身的价值(对于弗洛伊德来说,梦就是一个表层文本,而精神分析就是揭示文本的深层结构),那么拉康的能指链用一种更恶劣的方式剥夺了任何一种表层意义的自主权,因为任何一种意义都来不及在自身那里停留,总是急迫地从一个符号指向下一个符号,意义在能指链上的无限滑动,最终也指向一个理念的虚幻的主人能指。不仅符号系统作为一个集合剥夺了构成系统的符号的意义,而且任意一个单独的符号也不可能获得自己的意义。拉康为了压制话语的表层意义,特地理论化了主体的分裂:任一个言说的主体都不可避免地分裂成言说主体(subject of statement/sujet d'énonciation)和言中主体(subject of enunciation/suject d'énoncé),前者的"我"是语法上的我,对应语言的表层意义,而后者的"我"是对应无意识的"我",对应语言的深层意义。语言主体的这种分裂导致的结果就是,我所说的并不是我想的,而这不仅是因为语言总是无法完全表达思想,更是因为我的无意识中总有一些我自己都意识不到的意图被隐藏在真实的话语之中,这个秘密总是被埋藏在话语的表面之下但是又远远超过它的范围,由此构成了"不仅是生

---

[1] Gilles Deleuze. *Seminar on Anti-Oedipus* Ⅱ, 1972‐1973, available at <https://deleuze.cla.purdue.edu/seminar/anti-oedipus-ii/> (accessed May 6 2025).

产了话语同时也是被话语生产的,甚至是话语被逼入困境的"言中主体。只有我们严格遵循精神分析的探求精神和特定的规章制度,我们才有可能发现自己言不由衷的隐秘部分。这样一来,精神分析就彻底扮演起了教父的角色,时刻告诫着众人:愚蠢的凡人啊,不要自作聪明以为能够理解自己,只有我的教会、仪式和圣言掌握了世间所有的真实。你确信的东西实际上只是出自你的愚笨和恶魔的欺骗,你真正想要的实际上是这个……当精神分析"求知"的猜疑被内化的时候,人们便陷入自我怀疑,"偏执狂认为自己是言中主体的言说主体。"[1]精神分析用自己的双手制造了偏执狂。

第二综合:析取性综合/记录的生产

析取性综合

记录的析取性综合首先是一种对生产连接的分配(distribution),它通过铭刻(inscription)将特殊的欲望连接记录在无器官的身体的表面上来创造无器官的身体,而这一过程从根本上关系到无器官的身体的定义。前面我们提到,在连接性综合中,许多部分客体的共存可以被看作无器官的身体,作为无现实的潜能,后者为欲望生产提供机器的原材料,但是严格来讲,无器官的身体这时候还不存在,因为它应该是一种纯粹的无生产,而这种无生产是被欲望机器生产出来的。无器官的身体是一个平面,但是作为欲望生产的效果,这个平面并不是一开始就存在

---

[1] Gilles Deleuze. *Seminar on Anti-Oedipus* II, 1972-1973, available at <https://deleuze.cla.purdue.edu/seminar/anti-oedipus-ii/> (accessed May 6 2025).

的,并不像洛克所说的那样,我们的心灵的初始状态是一张白纸,也不像弗洛伊德说的那样,记忆是一块可以在上面画写和抹除的复写板;恰恰相反,这个平面是被物质现实性的欲望机器构建出来的,或者说,只有它能够被看作是一个平面的时候,它才是一块平面。不过,如何将痕迹留在一个尚未存在的表面上?平面又如何不是一个平面,而又是一个平面的呢?

理解的关键在于把无器官的身体理解为德勒兹和加塔利所说的内在性平面(plane of immanence/plan d'immanance)或者容贯性平面(plane of consistency/plan de consistance)。无器官的身体确实是一个平面,而且因为它与欲望机器代表的生产相对的反生产特征,因此准确来讲它是一个"强度=0"的潜在平面。但是当我们去构想部分机器落在平面上这个过程的时候,我们不能认为存在着一个先在的抽象的平面支撑着从欲望机器分解而来的部分机器,而是要去把它理解为这些部分机器以一种特定的方式排布,所以我们能将它们共在的这个状态称作是在一个平面形状的安排。这也就是为什么在前面我们只能小心谨慎地说,无器官的身体可以被"看作"是部分机器的容纳之所(这意味着它并不是),因为我们只能把部分机器的所在之处称作是一个场所,而不是存在着一个固定的场所客观地容纳着它们。内在性或者容贯性指的正是这种平面识别本质的后验性:内在性意味着,从一个更容易理解的角度来说,平面实际上是内在于构成它的元素的,但更严格来说,"内在性仅仅内在于自身",这属于"一种极端的经验主义"[1],这表明内在性平面自构

---

[1] Gilles Deleuze & Félix Guattari. *Qu'est-ce que la philosophie?*, Paris, Minuit. p.49.

成它的经验性元素抽取潜在要素并且自我组织；容贯性意味着，构成内在性平面的元素是平等地内部连贯的，没有任何需要服从的外部要素在对平面进行预先规定的。对于无器官的身体来说，它的内在性和容贯性就意味着，构成这个无器官的身体的种种器官或者前-器官并不是有机的器官，而只是潜在地保留着功能的潜能，而且它们互不干扰地共存，而从某个特定的角度来看，这种自组织的形状可以且仅能被看作是一个作为平面的截面：不是坚实的大地，而是沉积的地层。

无器官的身体作为一个平面有着记录欲望连接的作用。虽然这些记录本身是形式的，但是它们记录下来的欲望机器的连接是强度的，所以我们便可以将这种记录理解为某个具有强度的生产过程在这个平面上铭刻了自身的痕迹，并且留下了自身连接的形式。这个记录的平面的前身是偏执狂机器制造出来的静止的平面，这也就是为什么德勒兹和加塔利会说，"奇迹化机器在偏执狂机器之后（après）"（AO 17），因为是偏执狂机器第一次使得无器官的身体与欲望机器之间的表面得以形成，而奇迹化机器给予了这一表面不同的功能。比如说，嘴-乳房的机器性连接可能会在无器官的身体之上留下痕迹，这使得一方面平面上留存了特定的连接方式，一方面使得无器官的身体记录了这种连接，从而使得下次嘴和乳房进行生产性的连接时，无器官的身体凭借"记忆"不再将它看作是全新未经验的。当然，在我们把这种留下痕迹的方式描述为"铭刻"，并且把铭刻描述为刻印在无器官的身体"之上"，这只是一种简便的说法，让我们能够不用每次在阐述欲望机器和无器官的身体循环运作的方式时都点名无器官的身体内在性和容贯性的特征。但是事实上，没有一个铭刻能够被施行于其上的先在平面，也没有一个能够将痕迹保留在其上的先在平面,作为平面的无器官的身体毋宁说是被这些连接的痕迹勾画出来的;这种痕迹同样也不像铭刻所暗示的一样,是一个在有厚度的表面留下的深度痕迹,因为就保留下来的仅仅是强度连接的特定形式而言,这种痕迹是没有深度的表面,它留存的不是现实的物理行为,而是重复的潜在可能性。铭刻的表面并不先于铭刻的行为出现,这并不妨碍无器官的身体最终被铭刻呈现为一个被散布的节点(欲望机器的部分)以及任意两节点之间的可能的连接(流的连接-截断代表的欲望机器的连接),"机器作为无数的析取点依附于无器官的身体,在这些点之间一整套新的综合网络随之交织而成,将表面标记成一系列坐标,如同一个网格。"(AO 18)虽然平面承载这些节点和线段的样子就好像是它们被定位在一个空旷的范围内,但实际上,正是这些密密麻麻的点和错综复杂的连接之线编织出了我们能够称之为"平面"的结构。

根据实时变化的不同强度的生产欲望,一个部分机器可以进入的多种连接在生产的生产中先后切换,这被两位作者称作是"然后……再然后……再然后"的顺序逻辑。在记录的生产中,不同的欲望连接方式都被记录到无器官的身体的平面上,这些欲望回路在无器官的身体上和谐共存,互不干扰、互不排斥。记录着这些异质性连接的无器官的身体就像一幅网状的地图,不仅保存着欲望生产的所有方式,还显示新的连接何以可能,保证它们以相互关联且不可分离的方式进行分配。如果我们暂时将视角从各条能够通行的复杂路径上移开,转而关注这个地图整体的平面构型,我们会发现对同一个部分机器来说不仅可以进行回路的转换,同一个点也可以同时发散出许多种不同的路径,而许多这种点连起来就使得欲望在这幅地图上游走的可能性异常复杂,没有固定的起点,也没有固定的终点——不仅单个部分机器与哪一个部分机器进入欲望生产的连接无法预料,在这个欲望机器解体后进入的下一种连接同样是没办法预测的。这使得无器官的身体作为一张连接的地图相比于一个路线已经被结构固定了的迷宫图,更像是一张乡间草原上游荡的示意图。这种前后两个步骤间仅仅是随机的或者说仅仅是部分决定的决策模型正是德勒兹和加塔利所提到的马尔科夫链(Markov chain),这与传统的绝对的因果决定链的概念相对立,而包含着无数马尔科夫链的概念性结构就是德勒兹和加塔利后来将会在《千高原》中提及的重要概念"根茎"(rhizome)。根茎是任意两点皆可连接的、异质的、多元共存的、部分之外有部分且各部分相对独立的,自行生长的思考方式,这与严肃决定论的、等级制的和基础论的根系结构相对。这样一来,被记录的连接并不意味着限制连接只能以特定的某种方式进行,也不意味着除了已被记录的方式之外不会产生任何新的连接;连接只是现实经验的单纯潜在的副本,而潜在是比特定的现实更为广阔更为自由,拥有更多可能性的领域。而被记录在平面上的多种欲望回路之间的关系也被德勒兹和加塔利称为"或……或……"(either... or.../soit...soit...)的逻辑,与"要么/要么"(either/or/ou/bien)形成对比,这表示欲望连接在析取(disjunction/disjonction)综合中包容存在的多个可能选项中的任意一个的时候,其他可能性并不被排除。欲望机器因此不仅是"没有规则的和固定的有机组织……一种反有机组织,一种分离式综合,是一部持续损坏、卡壳、冻结和崩解,从而拆分和打断欲望机器回路的反生产的机器",也是"将各种欲望机器彼此关联在复多的以横贯方式连接着的诸回路中的机器"。①

但是当根茎不堪重负退化为稳定而死板的根系的时候,当我们的精神不够强大到能够同时接受随机决定的生命体验同时给我们带来的狂喜和失落,进而转为通过规定欲望连接的方式来达成特定的结果的时候,当自由的容纳性析取(inclusive disjunction/disjonction inclusive)义无反顾地走向专制的排除性析取(exclusive disjunction/disjonction exclusive)的时候,会发生什么? 欲望连接互相依赖无法分离的多条回路被人为排除了,某一条回路被赋予了更高的价值,使得原本具有平等可能性的其他连接被排除在外了,开放的可能性成为了封闭的决定性,而运动与生产和迸发的激情被化约为抽象和静态的指南。当然,个体的人类心智和社会性的人类群体总有寻求稳定的一面,就像中年人已经不再能理解年轻人那些不负责任的异想天开和不顾一切的冒险,转而追求稳定和安宁,社会为了维持稳定也总是倾向于在尽可能维持现状的情况下进行最小的改革。这也就是为什么在某种意义上,排除的析取这种欲望生产的偏离同样是诞生于整个欲望生产的内部的,如果容纳的析取是析取综合的本质,那么作为一种倾向的排除的析取则是析取综合的体制。问题在于,在正常的欲望生产过程中,这两种倾向总是互相依赖并且互相抵消的,而一旦体制被体制化成了不二准则,自由无约束的欲望生产就被贴上了各种道德化的标签:幼稚、鲁莽、不负责任甚至是愚笨和呆傻。一个虚构出来的先验法则被大部分人奉为圭臬,也被当成嘲笑和囚禁那些敢于自我发现自我突破的

---

① 罗纳德·博格:《德勒兹论文学》,石绘译,南京大学出版社,2022年,第76页。

人的枷锁：这么简单的社会规则你都理解不了真是活不明白啊；我看你是学傻了……但是关键在于，没有发现社会的经验规律和发现了这些刻板的规律却选择不去遵从它们是两码事，而自鸣得意于自己的小聪明的人却决定无视它们之间的区别。

精神分析正是在这一决定性时刻加入了战场，但它不想首当其冲，不想成为正在展开的战争画卷的一部分，也不想从任何方面细细体味战局的微妙转变，而是塑造起一个表面深思熟虑实则纸上谈兵的形象抽身冷观，在战事正酣之时迫不及待地想发表总结陈词（我们是一支伟大的军队；这会在历史上留下莫大的耻辱！）。"俄狄浦斯式记录标志性的行动就是引入析取综合的排除、限制和否定性的形式。"（AO 90）我们可以说俄狄浦斯式的记录不再是单纯的记录，而是命令和规定的形式。随着俄狄浦斯情结的先行，精神分析师最重要的工作不再是去真正了解患者发生了什么事，罹受什么样的痛苦，如何解决某种病症，而是先选择孩子到底是把自己认同为爸爸还是妈妈？孩子身上显示的是女性特征还是男性特征？在从患者讲述的真实故事中抽象出来的童年里，父母之中的哪一个给孩子留下了更深的创伤？精神分析抽象地构建了俄狄浦斯情结和对其及其关键的一系列对立性思想模式，以便于带着预设去操作现实事例中本身是多样的、异质的、难以控制的欲望元素。这也就是为什么德勒兹和加塔利说俄狄浦斯情结引入的排除关系涉及到的对立不仅是"在被理解为差异的众多析取之间，更是它在众多差异上强加的一个整体和其预设的一个未分化的（un indifférencié）领域之间"（AO 93）。精神分析独断地认为，现实的、独立的、自由的欲望生产是完全混沌无序的，而未分化的混沌就好像是光明中的黑暗和理性的终结，自身完全不能起到任何生产的功能，而精神分析捏造了未分化的混沌和原初的分化之间的对立,强迫现代人在二者之中做选择,就好像"分化"是一种施加于混沌之上的外部操作。这样,如果人们不想承认自己实际上是未经受文明开化的动物,就要接受俄狄浦斯的预设,让自己的欲望服从于家庭关系和乱伦欲望。人们为了维持自己作为理性动物的体面牺牲了太多。总而言之,精神分析所做的就是隐藏了精神分析看似不会出错的内部结构和它真实的外部,也就是能动的欲望生产之间的对立,同样也是精神分析预设的结构"整体"和欲望生产的机器"元素"之间的对立;并在内部虚构了一个新的对立来提供理论所需的张力,这样人们就不会去考虑精神分析本身有什么问题,而是绞尽脑汁地设想精神分析如何能解决自身提出的问题。精神分析的众多概念在德勒兹和加塔利看来都是这种虚构的产物,比如所谓"想象界"和"象征界"二者的差别根本触及不到欲望运作的本质这个最重要的问题,两者虚构的对立仅仅促进了精神分析自身的进一步复杂化和体系化。精神分析奴役了能动性的欲望生产,并把它在众人的眼前藏起来,使得人们永远无法回忆起另一种开端的模式。这种障眼法的成功使得精神分析只能在俄狄浦斯情结的内部打转而永远无法实现真正的突破,它除了机械式地选择对立元素并且编写那古老的家庭伦理剧的新版本之外什么都做不到。这样,人们在俄狄浦斯内部会发现更加根深蒂固的俄狄浦斯,而在俄狄浦斯家庭的外部会发现更普适更有解释力的社会的、权力的俄狄浦斯:因为精神分析所谈论的一直都只有自己,而在自我循环论证的空中楼阁之中,是永远不会出错的。"而且所有人都知道精神分析所说的解决(resolving/résoudre)俄狄浦斯是什么意思:将俄狄浦斯情结内化以便于更好地在外部重新发现它。"(AO 94)

奇迹化机器

与偏执狂机器相对,奇迹化机器代表了欲望生产过程中欲望机器和无器官的身体之间的另一种关系,它们相互吸引,而非像在偏执狂的例子中一样因为无器官的身体认为欲望机器构成了一整个迫害装置而排斥欲望机器。不过这种吸引意味着同化,原本相互冲突但是同样相互促进的欲望机器的生产和无器官的身体的反生产在奇迹化机器这里被理解为一个完整过程的两个步骤。

在定义上,无器官的身体在欲望生产过程中的地位具有两可性。一方面,无器官的身体干扰和破坏着既存的欲望机器,作为使生产过程减速、使欲望机器瓦解的反作用力,是欲望生产内部的界限;而另一方面,作为记录着各种方式的欲望机器连接并使这些不同的连接形式以一种复多和异质的形式分配于其上的表面,无器官的身体是依赖于欲望机器的生产效果。记录只意味着对已有现实经验的记录,是一个自身并没有任何生产性的副本;它虽然是被强度连接生产出来的而且记录的就是这种强度,但是本身却不包含任何强度。但是,正是无器官的身体本质上的两可性不可避免地导向另一种误解:

> 事实上,它[无器官的身体]没有将自己限定为自身所是的反对生产性的力量。它覆盖在(se rabat sur)所有的生产之上,构成一个表面,力量和媒介在其上分布着的表面,因此占用全部剩余生产为自己所用并且霸占了生产过程的整体和部分,这使得无器官的身体像一个使得所有欲望生产好像是从自身散发而出的准因(quasi cause)。(AO 16)

欲望机器和无器官的身体之间的逻辑关系被颠倒了。这使得欲望机器不再是自行屈折生产的，却好像是被无器官的身体上面记录的形式法则规定着生产的，强度的记录摇身一变成了强度本身和强度的动力，这使得欲望机器不经任何异质性的生产过程就像复制的、再现的机器图纸一样奇迹般地（miraculously）出现了。这也同样是无器官的身体自身的存在方式被颠倒了。平面本来是由连接性综合散布的部分机器和它们之间的连接内在地形成的，现在却好像显得平面在这些操作之前就客观存在了。无器官的身体不再干扰、破坏欲望生产，而是成为了欲望生产的前置条件，这就是"吸引"；而在无器官的身体上的记录就如同某种理念（idea），而就像耶稣只是构想了面包的概念就能变出现实的面包一样，脱离了具体生产过程欲望机器好像能凭借理念被凭空变出来，这就是"奇迹"。

德勒兹和加塔利对奇迹化机器的描述似乎表明，奇迹化机器完全掩盖了真正的欲望生产过程，这使得欲望的满足过程看起来像一个童话般的幻想，充满了负面的意义。奇迹化机器确实掩盖了欲望生产的运作过程，但重点是，就像轻度的偏执一样，对欲望生产进行奇迹化理解的倾向同样是诞生于欲望生产内部的。可以说这种误认是记录的生产导致的必然结果，这同样要求我们区分轻度和重度的奇迹化机器。

为了理解奇迹化机器为什么作为欲望生产的代价必须出现，我们必须再次"问题化"欲望生产，也就是回到欲望生产的源头，去探勘德勒兹和加塔利提出欲望生产到底是为了解决什么问题。在前面，我们曾经把欲望生产和包括作为匮乏的欲望，还原到整体的部分客体，物理的机器在内的多个概念做了对比，来说明欲望生产的异质性、直接性和主动性。既然生产是从无到有的创造过程,它的原料和产物就一定在形式和性质上有差别,当作为器官-机器的嘴和作为源头-机器的乳房进入生产性连接时,生产出来的嘴-乳房的欲望机器因为截断了流,现实化了功能,并且满足了欲望,这架机器在性质上就已截然不同于它的构成元素;而正是因为欲望生产进行了这种异质性的"创造",生产才能够被称为一个"过程","创造"和"过程"的同时强调意味着过程不是毫无质性变化的过渡,而是每时每刻都在发生着本质变化,都在使得进入生产过程的原料焕然一新的改变。从这一点上,欲望生产同时与作为匮乏的欲望、还原到整体的部分客体和物理的机器这三者同时代表的同一性、同质性和客观性形成了鲜明的对比。

但欲望生产并未因为排斥这种客观性就成为抽象的形而上学体系,对于德勒兹和加塔利而言,欲望生产的关键是要把生产理解为唯物主义的物质性生产过程,但正确理解欲望生产的关键是区分两种不同的唯物主义。一种是仅关注客观存在物,并用主观抽象的理论构建物质变化的系统的伪唯物主义;一种是忠实地操作和塑造物质,从而尊重物质从原材料到产物经历的创造性生产变化真正规律的唯物主义,德勒兹和加塔利遵从的正是后一种唯物主义,这种唯物主义服从"三个伟大的唯物主义者——弗洛伊德[①]、尼采和马克思"[②],特别是马克思的历史唯物

[①] 在德勒兹和加塔利看来,早期弗洛伊德在把力比多当成自由的、不受现实的生产性欲望元素的时候确实解释了欲望的物质性,但在后期把欲望的运作方式抽象为俄狄浦斯情结的时候忽略了这一点,陷入了误区。

[②] Eugene W. Holland. *Deleuze and Guattari's* Anti-Oedipus: *Introduction to Schizoanalysis*. London: Routledge, 1999. p.viii.

主义的原则,"'当费尔巴哈用唯物主义的方式看待事情的时候,他的作品里就没有历史的元素,而当费尔巴哈把历史纳入考量的视角的时候,它就不再是一个唯物主义者了',在马克思这段话的意义上,克莱朗博的精神病学是费尔巴哈式的。"这也就是为什么分裂分析是一种"唯物主义精神病学",而这意味着"把欲望引入精神病学的运作机制当中,而且把生产引入欲望"(AO 29)。

在《1844年经济学哲学手稿》中,马克思对黑格尔唯心主义辩证法的几大批判之一就是黑格尔的自我意识和绝对精神表面上是为了解释人类社会的历史发展运动提出来的核心概念。但实际上无论是黑格尔的精神运动还是思想运动都是抽象的,脱离了真正历史现实的无对象的、非现实的存在。马克思因此用包含具体的生产力和生产关系的创造性生产过程来代替黑格尔那种抽象的思想运动。但是要真正理解生产过程,首先就要意识到生产不是通过从产物那里减去原材料这一抽象行为中获得的抽象差异,而是使原材料转变为、生产为产物的这种制造了差异的差异"过程"本身。即使我们认识生产过程的重要性,一旦我们用抽象的方式理解生产,也会冒着重蹈覆辙的风险。这也就是为什么记录的生产是不可或缺的。生产的生产因为自身的隐秘性,虽然是真实的生产过程,但常常容易被人忽视和忘却,但是通过把连接的生产记录下来,当欲望生产和社会生产实际上是一件事情的时候,作为社会构成表面的无器官的身体必须要留存有关社会生产的记忆,即使这种记录有被理解为奇迹化的风险,它仍然必须发生。

因此,当记录的生产作为留存而且见证欲望生产过程的记录的时候,只要奇迹化的倾向和记录的生产内在的运作放在一起,这种作为副产品的幻觉是可以在欲望生产内部被揭穿的。但是当这种倾向被从完整的欲望生产过程当中孤立出来,并且作为客观规律来理解欲望的运作的时候,真正的奇迹化机器就出现了。精神分析就是在此时夺取了欲望生产的果实,而俄狄浦斯情结的双重束缚(double bind)就是典型的奇迹化机器,它把误解正当化,把幻觉现实化,把欲望生产的错误当成欲望本身。一面是未分化的混沌,一面是爸爸-妈妈-孩子这种特定的欲望三角结构,俄狄浦斯情结要求我们在两者之中必须承认其中一个作为自己的本性;但在欲望生产的角度看来,它们一个是对欲望自由和自动生产过程的污名化,一个是把欲望生产的某个误解的结果当成自身原因的倒错。俄狄浦斯情结假设了一个开端,而这个开端正是被用一种错误的方式先验地移印(calquer)过去、平移过去、复制过去的。让我们回想起来,欲望机器是强度连接,而纯粹的无器官的身体是一个记录了强度的但是自身是强度=0的潜在平面,在构成现实的欲望机器的过程中,潜在通过强度被现实化,这意味着被现实化的部分仅仅是潜在众多可能性的一种,就像真实发生的事情仅仅是众多"可能"的一种。而俄狄浦斯的奇迹化机器认为,在欲望从抽象结构变成现实心理的过程当中,所经历的是一个同质的"位移"过程,这如同真实的欲望从远古神话中存在的理念结构中奇迹一般地变出来,而且与从潜在到现实的"收缩"和"挑选"过程正相反,将结果误认为是它的原因。在精神分析的预设中,现实的俄狄浦斯情结与其理念相比,多出来的东西就是理念在现实世界中被呈现而导致的失真和模糊,而精神分析给自己定下的任务就是从现实的噪音之中提取出理念的本质,从混乱的噪音中重构纯粹的理想,却从来没有考虑过呈现为匮乏的欲望现实与欲望的本质完全相异的可能性。经过精神分析的操作，欲望的生产性源头被完全遮蔽了。

析取性综合的欲望能量形式被德勒兹和加塔利称作神圣能量（Numen）。这并非一个精神分析术语，他们将析取性综合的能量称为神圣能量无疑是为了突出神圣或者"神"在其奇迹化机器中起到的作用。我们曾将奇迹化机器与耶稣基督的圣迹联系起来，以便更好理解奇迹与神圣之间的关联：奇迹就是那毫无缘由凭空发生的事情。同样，因为在奇迹化机器中反生产吸引了生产，从而遮蔽了欲望机器的生产本性，产物就像是从无器官的身体被铭刻表面上凭空出现的，因此，人们并非从过程理解生产，而是构想出生产的形式。正如当人们惊叹于世界的精妙与人类身体的奥秘时，他们不再颂扬自然或宇宙如何从混沌初开的原始涡流中孕育出大地的奇迹，而是臣服于一个造物主，赞美它的无上荣光，将创造的壮丽归于神圣之手。这不免得给生产本身套上了一层宗教性的光环，尽管向神性的抬升实际上是贬低了生产的创造性。

> 但为什么称这种新的能量形式为"神圣"的，为什么要叫它"Numen"，尽管无意识的一个问题引发了种种混沌不清，而这个问题其实只是看起来才带有宗教色彩？无器官的身体并非上帝，恰恰相反。但当这种能量从无器官的身体之上流动，吸引了生产的整个过程并让自己作为服务于生产的那被奇迹化和施法的（enchantée miraculante），并且其上铭刻了生产过程中的所有析取的表面时，它就是神圣的。（AO 19）

111

因此,神圣能量带有的宗教与神圣意味实际上暗示了析取性综合必然带来的生产的形式与过程,以及生产的过程与产物的分离。神圣,实际上是一种讽刺。

第三综合:合取性综合/消费-完满的生产

合取性综合

第三综合是德勒兹和加塔利所称的欲望生产的三种综合中的最后一种。在理解了连接的综合和记录的综合的前提之上,消费-完满的综合能够充分利用强度的欲望连接和无器官的身体上铭刻的复杂共存的欲望回路。第三综合最重要的一点就在于揭示了主体是如何被被动综合生产出来的,这样就论证了之前的观点,即主体不是一个每时每刻都在管辖思想和欲望的先在理性结构,而是后于欲望运作出现,被欲望生产出来的一种附属效果。鉴于主体直到第三综合才迟迟出现,就不必说我们平常默认的主体性在我们的理智生活和道德生活中占据的至高无上的地位了。即使作为生产效果,主体也只是一个不起眼的副产品,在德勒兹和加塔利那里,主体是综合的"剩余物"。

在描述第三综合的一小节的一开始,德勒兹和加塔利就指出无器官的身体现在具有的理论上的重要作用。"在第三综合,也就是消费的合取综合里,我们已经看到无器官的身体实际上是一个卵,被轴线交错,被区域带环绕,被区域和场域定位,被共振级度(gradients)衡量,被潜能横贯,被阈限标记。"(AO 100)这段话重申了无器官的身体的含混性:作为欲望机器生产性的对立面,它代表着平静和死亡的反生产,记录了多种共存的复多的异质的强度连接;而就其作为一个容纳着潜在的部分机器的平面而言,无器官的身体与强度和生产又有着一种非能动的直接关系,它为生产提供着潜在的可能性条件,却不是生产的可能性本身。一方面,欲望机器的生产和无器官的身体的反生产汇合在无器官的身体的平面上,这使得无器官的身体作为一个阈限状态维持了欲望生产的张力;另一方面欲望机器和无器官的身体间的"吸引和排斥之间的对立持存着",偏执狂机器的一极和奇迹化机器的一极之间难解难分互相交换的关系进一步加剧了无器官的身体的临界不稳定状态。

在传统热力学中,任何不稳定的状态最终都会趋向稳定。作为热力系统整体的世界会随着熵的递增将所有有效能量转化为热能,当所有物质温度达到热平衡的时候,宇宙中就再也没有任何可以维持运动或是生命的能量存在,宇宙系统最终陷入热寂。在哲学中,这种观点与一个本身就只有抽象运动的静态思想影响或者一个最终解决了所有矛盾辩证运动的终极状态相对应。如果没有矛盾,就没有任何问题,也就没有任何需要将事态问题化来给出解决方案的必要性,这也就意味着思想最终陷入死一般的寂静。对追求与现实问题遭遇从而不断逼迫思想重新开始思考的德勒兹和加塔利来说,这显然是最不可接受的情况。作为充满矛盾和问题的无器官的身体来说,阈限状态与其说是预示着所有的冲突都会最终被解决,不如说是新的冲突。新的问题总是接踵而至,把欲望和思想抛入一轮又一轮新的能动生产过程之中去,而对于每一个强度的出现,都会伴随着一个新的主体的出现,这个主体就是这种特殊的强度状态的代言人。而因为强度总是会变换、转变、过渡为另一个新的强度,所以主体并不是稳定的,而是随着每一个强度的过渡都会产生新的主体,德勒兹和加塔利把这种作为生产效果的主体称为游牧主体(nomadic subject/sujet nomade)。

无器官的身体就是游牧主体的卵,而主体的出现就是卵的形态发生过程。在这里,德勒兹和加塔利建议我们把形态发生独异地理解为后成论(epigenesis)而非先成论(preformation)。作为胚胎发育的两种假说,后成论认为在生物初始的受精卵中不存在任何生物体结构的雏形,生物体的组织和器官都是在特定的发育和成长过程环境中逐渐形成的,生物发育是一个由简单到复杂的质变过程;而先成论认为胚胎里已经有某种完整的构型,这种构型在规格上小于发育完整的生物体,但就形状和外观来讲已经别无二致,而且预先包含了完整的结构组织和功能,这样,生物发育就是一个等比例放大的量变过程。简而言之,后成论代表的是发育过程的连续决定,而先成论代表了一劳永逸的决定。是否应该认为人类的受精卵中已经存在着一个微型的成人?这显然是神秘主义和泛灵论的异想天开,但是后成论同样不否认在卵中有着能够决定生命体特性的信息(比如DNA),它与其说是更加强调这种信息不能完全决定生命体发育完善的样式,而且注重在特定生物体的生长过程中所处环境和所受影响的连续不断的、部分决定性(partially dependent)的制约。

　　主体正是从这一系列曲折发展的变化中诞生出来的转瞬即逝的产物。正如后成论意味着生物体特定的器官是从"另一个与它们不相似的东西中形成出来的,这就是说,一个器官与一个先存的器官无关,而与一个更为普遍的、分化程度较低的胚样有关"[1],形成主体的并不是一个处于较低发展阶段的微型主体,

---

[1] 吉尔·德勒兹:《褶子:莱布尼茨与巴洛克风格》,杨洁译,上海人民出版社,2021年,第15页。

而是与主体不相似的、次主体的强度和连接,这种构成了主体但本身并不是主体的元素就被叫作无人称的(impersonal/impersonnel)。这样,每当我们说到主体的时候,我们并不是指一个同一性的思想实体,而是当成一个概括性的名词来总结对某一实体起到构成性作用的,具有一定强度的欲望和感知以及一系列浮现出来的能够被称为主体的众多状态。所以,表面上作为同一性的主体实际在内部包含了相互对抗的多种元素,这种"一"之中的"多"就是形式上的合取;而因为主体在形成过程中"利用"了生产的连接和记录的析取,所以主体消费了(consumption)这些元素用来作为自己的组成部分,而且通过形成一个主体的形式完满地构成了自身(consummation)这个过程。这就是第三综合为什么被叫作合取的综合/消费-完满的综合。①

为了理解主体性的后验效果特征,德勒兹在稍远的章节重新考量了弗洛伊德的精神病分类学。弗洛伊德严格区分了神经症(neurosis/névrose)和精神病(psychosis/psychose)两种精神疾病,并把两者分别定义为"自我服从现实要求并且同意压迫本我的冲动"的情况和"自我被本我掌控,随时都会脱离现实"的情况(AO 145)。在这样的划分中弗洛伊德依从了两个标准,其一是其人格地形学内部多重人格之间的角力关系,另一则是精神

---

① 法语的 consumption 是一个比英语的 consumption 更加多义的词,既有消费的意思,又有完满的意思。因此英译者决定将 la synthèse conjonctive de consommation 略显冗余地翻译为 the conjunctive synthesis of consumption-consummation 是为了保留法语原词中的多义性。消费和完满并不是第三综合相互无关的两个特征,而是一个特征的两个紧密联系的方面。

病主体与现实的关系。在观察到前者因为缺乏欲望生产的能动性而被俄狄浦斯情结捕获,而后者的精神分裂特质成功抵抗了这种捕获之后,德勒兹和加塔利问我们,分裂分析是否仅仅意味着我们用欲望机器和无器官的身体来取代自我和本我,并用欲望生产是否生产了现实来取代服从现实或者脱离现实?答案显然是否定的,因为把欲望生产和诸概念当作一种可以套用的理论方法,在本质上和精神分析使用俄狄浦斯情结的逻辑是一致的。这与这种方法的应用模式有多么复杂无关,而与思考现实问题的方式有关。理解欲望生产,而不是接受并服从欲望生产——这意味着欲望生产从始至终一直都是欲望机器和无器官的身体之间对立和化解对立的循环过程,也意味着神经官能主体和精神病主体并不是在被抽象出来的过程中被分配的某些独立客观概念所代表。神经症并不是代表着欲望机器的空缺而接受了俄狄浦斯,精神病也不是代表着运作着的欲望机器而抵抗了俄狄浦斯,在它们两者那里都有欲望机器和同时包括了生产和反生产的欲望生产,只是它们分别代表了生产的不同结果——也就是不同的主体性。事实上,"神经症和精神病并不是互不相干的两种病症,在它们之间没有本质区别。因为无论在哪一种情况里,欲望生产才是原因,既是粉碎和压制了俄狄浦斯的精神病性破坏的终极原因,也是构成了俄狄浦斯的精神官能性的回响的终极原因。"(AO 150)这要求我们重新考量精神分析判断和推论的有效性:并非因为一个人有了精神官能症才会做出某些行为,而是因为做了某些行为所以才是神经症,构成主体性的能动的生产永远是先于作为效果的主体性出现的。

在后面的章节中,德勒兹和加塔利更明确地将俄狄浦斯情结描述为制造了多种不同的精神病主体的邪恶机制。每个人都首先是精神分裂症,因为在欲望没有任何被管束的顾虑之前,对于我们每个人来说首要的事情就是不断对欲望进行试验去寻得我们真正想要什么,而不是服从于社会对欲望的某种规定。然而,正是俄狄浦斯情结对欲望的规定性塑造了我们的主体性,将人们纳入不同的精神病类型之中。比如,俄狄浦斯情结将能被其理论充分解释的精神病类型称为神经症。虽然精神分析好像用这种解释的合理性反向论证了其理论的正确性,但神经症实际上是被神经官能化(neuroticization)的过程生产出来的,因为如果没有对自由欲望的管控,对这种管控的偏离就没有意义,"无论如何神经官能化都要先于神经症存在,后者是前者的结果。"另一种情况是,主体为了不被俄狄浦斯情结引诱着皈依的万能布道所捕获,费尽全力让自己呈现出不符合俄狄浦斯分析的状态,但这是以放弃所有欲望为代价的。由此,欲望本身遭到抹除,俄狄浦斯情结生产了精神病或者紧张症(catatonia/catatonie),陷入了行动的冻结。"紧张症而非神经症,紧张症而非俄狄浦斯和阉割——但它同样是神经官能化的效果,是同一种疾病的反效果。"最后一种可能性是,主体既不接受俄狄浦斯情结的循循善诱,也不通过拒绝俄狄浦斯情结受到影响并内化精神分析的监视,而是漠视它的存在,将其视作俄狄浦斯情结人造的谎言。这时俄狄浦斯情结生产出性变态(perversion)。虽然性变态表面上轻视精神分析,但它仍然需要通过某种方式与俄狄浦斯情结许诺的正常来抗衡,想要用一种固定的形式挑战原有的固定形式,简单地取代判断正常的标准。因此它们远非使正常的统治解体,而是在精神分析巨大的权力和能量之下屈从于它的统治,而且表现为对正常形式化的偏离从而被规训为异常。恋物癖和窥私癖等被精神分析归类为简单的"异常表现",

远没有摆脱俄狄浦斯情结的掌控,反而成为精神分析证明自身合理性的又一例证。(AO 435 - 436)当然,德勒兹和加塔利丝毫没有想要合理化侵犯人权和对社会造成危害的变态犯罪行为,而只是在声明精神分析不仅本身缺乏能够治疗这些病症的手段,此外,正是因为它延续了对欲望压抑的模式,才与社会对欲望的压迫联合起来使得正常的欲望发展到这种极端的严重程度。而且,病理性的精神疾病必须要与作为思想方法的分裂分析区别开来,因为欲望的自由并非意味着无节制,"精神分裂者并非革命性的,而精神分裂的过程——因为精神分裂者仅仅是中断,或是在虚空中的延续——是革命的潜能。"(AO 408)

当然,德勒兹和加塔利谈论神经症和精神病有另一个更重要的目的——揭露精神分析为俄狄浦斯情结在精神结构中所分配的首要地位的谎言。他们认为弗洛伊德过于简单地根据与现实之间的关系区分了这两种病症,并认为仍与现实保留某种联系的神经症要优于以脱离现实,无法分清幻想与现实为特点的精神病,从而俄狄浦斯情结仍然可以被应用于神经症进行治疗,而对于精神病来说,俄狄浦斯情结则因为现实的缺位无计可施。在德勒兹和加塔利看来,在弗洛伊德那里的神经症相对于精神病的优越性实际上就是俄狄浦斯情结自身的优越性,换句话说,神经症并非是因为尚未与现实隔绝所以仍有治疗的可能,而是因为其与俄狄浦斯抽象结构的完美符合从而确保了应用的可能。所以,在精神分析中,俄狄浦斯情结不是治疗的原则,而是应用的原则或诊断的原则,也就是压抑的原则,不是对症下药,而是对药下症。德勒兹和加塔利发现,精神病症中不是不存在家庭的现实,只是不存在像俄狄浦斯情结描述、规定和承认的那种家庭现实,前者的是"现实的强度性投注,作用于完全不同的事物(社会、历史和文化场域)"(AO 147)。弗洛伊德同样发现了这一点,他将神经症与精神病的两种现实模式分别称为"被压抑之物的回归"和"谵妄性的再构建"(AO 146),只不过与其说弗洛伊德是以作为组织者的俄狄浦斯情结的可应用性为绝对标准边缘化了精神病,不如说是以真实的现实作为标准。因此他们认为,精神病是在分裂分析的逻辑上先于精神分裂症的,后者是作为精神分析的限制产物出现的。拉康相对于弗洛伊德的进步性又一次体现了出来,因为拉康在其博士论文《论妄想型精神病概念及人格关系》(*De la psychose paranoïaque dans ses rapports avec la personalité*)及其之后的研究中同样将精神病置于神经症之前:所有的人类个体在婴幼儿阶段都是精神病,处于"婴幼儿精神病阶段",随着人的社会化,人们逐渐从精神病无拘无束的状态中摆脱出来,学会文明而有节制的举止,这使得每个人都变成"普通神经症患者",而各种程度的精神病则与秩序化的失败有关。这与弗洛伊德式的精神分析试图压平强度性投注的表象操作进行区分。但拉康最终仅仅是"将精神分析从俄狄浦斯装置转向偏执狂机器"[①],因为他认为能指要先于无意识,从而取消了无意识的有限性和生产性。

对于分裂分析来说,如果去追溯在主体出现之前的建构性过程,我们会发现的是构成主体的那些无人称的、自在差异的元素和碎片化的欲望,它们任凭强度被摆布、被显露、被"引诱",而碎片化的主体像沙滩上出现的人脸,时而消散,时而重新显现。欲望从来不认识客体和客体的形式,只体会在它们的物质性之

---

① François Dosse. *Gilles Deleuze and Félix Guattari: Intersecting Lives*. New York: Columbia University Press, 2010. p.195.

中它们提供的强度;从来不认识主体,只了解旧欲望的满足带来的厌倦和新欲望的出现提供的刺激和再一次适当的满足。相反,对于精神分析来说,主体是一直以同一种固定的形式存在的,"主体现在被发现"就意味着"主体之前没有被发现而且等待着发现",这就好像主体是一个客观物,直到今日之前一直藏在我们的眼皮底下,只等待那耐心之人赋予它重见天日的权力;主体是一个"迟来的发现",就好像哥伦布发现了从始至终都安稳地躺在地球的另一边等待人们发现的美洲大陆。出于之前的疏忽,精神分析就觉得有必要用主体重新思考人类的心智和心理,这样来检查一下之前很多人类不理解的问题是不是仅仅因为没有把这种控制着人类的思想和行为的主体性纳入考量范畴。当然,俄狄浦斯就是这种考量不可或缺的考古刷——它被认为能够扫清人类思想史上的尘埃,使真相大白于世界。所以很难说精神分析是发现了需求还是创造了需求。

单身机器

《反俄狄浦斯》英译本中的单身机器(celibate machine)和他们随后出版的《卡夫卡:为了一种少数文学》英译本中出现的单身汉机器(bachelor machine)实际上是同一种东西,即单身机器(machine célibataire)。这台继偏执狂机器和奇迹化机器后出现的第三台复合机器负责游牧主体的生产。

当综合按照顺序进行到是第三个也就是最后一个综合的消费-完满的合取综合的时候,我们终于可以说欲望机器和无器官的身体之间永不停息的排斥和吸引形成了某种能够被称之为产物的东西。当布坎南将主体称为"因为'我们'接受欲望机器的传唤(interpellation)而到来的奖励(不过这都是因为忘记了其中涉及到选择)"①的时候,他想表达的是我们抛弃了以往对欲望的理解,花了极大的时间来理解欲望真正的运作过程,在第三综合这里终于发现了某种能让"我们"理解"我们"是什么的、与"我们"自身相似的"有形"之物。只不过作为一种转瞬即逝的产物,每个被生产出来可辨认的主体都会随即消散,这使得我们需要忠于欲望生产,在与外界刺激的频繁遭遇中不停地更新对自己的认知。

尽管《反俄狄浦斯》能够给我们提供很多有关单身机器运作方式和要解决的是什么问题的线索,但为什么两位作者要把这种复合机器叫作"单身"仍然或多或少是一个谜。《反俄狄浦斯》中虽然提到了杜尚的艺术装置《新娘被光棍们扒光了衣服,甚至》(*La mariée mise à nu par ses célibataires, même*)[或称《大玻璃》(*La Grand Verre*)]和卡夫卡的小说《在流放地》(*In the Penal Colony*)里的刑罚装置,但是为"单身"一词的意味提供最好的理解的例子实际上出现在《卡夫卡:为了一种少数文学》当中。在这本书中,德勒兹和加塔利谈到卡夫卡多次订婚且悔婚的故事。他们认为,卡夫卡不是被迫单身的,而是怀揣着激情选择了这份孤独,因为只有这种难以忍受的孤独和伴随着这份痛苦的那种类似癫狂的喜悦才让他能够成为作家。博格也指出法语 célibataire 包含的基本多义性,"célibataire 既可指一位未婚男士,也可指一位贞洁或禁欲的男人。"②弗洛伊德可能会

---

① Ian Buchanan. *Deleuze and Guattari's* Anti-Oedipus: *A Reader's Guide*. London: Continuum, 2008. p.63.

② 罗纳德·博格:《德勒兹论文学》,石绘译,南京大学出版社,2022年,第90页。

把这种禁欲解读为去性化的力比多投注到文学创造行为中的升华,但德勒兹和加塔利可不会这么做,对于他们来说,这分明是指出了欲望生产本身独立于任何规定和制度,因为内在的运作不需要一个超验的伴侣。一方面,欲望生产总是涉及到不必被还原到特定人的部分客体,这意味着欲望在自我驱使寻求自身满足的时候并没有那么多顾虑,它的唯一目标就是从许多部分客体中寻求那个最能满足自己的,因为欲望生产可以被理解为自我感发(auto-affection),也就是欲望自己"决定"自己想要什么,这种"可以被称作自体性(autoerotic/autoérotique)或自动的享乐"(AO 25)是欲望的自慰(onanism)——正如德里达用不无讽刺的语气所说的那样。另一方面,单身机器的欲望完全不需要被任何现有的欲望体制满足,也不在乎欲望的合法性。一个选择独身的作家不需要用婚姻和孩子来寻求激情和欲望的满足,他在自己思想的运作之中,在激荡着思想的写作中寻求更高程度的快感,而他笔下的人物在讽刺的情节中击溃了家庭体制(《变形记》)和官僚制度(《城堡》)。这样,单身是一种比乱伦欲望或者同性欲望更加广阔和更加浓厚的欲望……单身者既欲求孤独,又欲求与所有欲望机器进行连接,这是一部为了成为孤独者即单身者而更具社会性和集体性的机器。单身机器生产的就是单身的游牧主体,因为游牧主体是强度的表面上滑行和过渡,它不需要考虑应该在哪里停下来,只需要考虑想在哪里停下来。

了解了单身机器的含义,现在我们回到运作机制。主体是强度的连接和拆解并保存多种连接的析取之间交换运作的产物和结果。偏执狂机器中欲望机器和无器官的身体的排斥让我们倾向于认为欲望是静止和固定的,而奇迹化机器中两者的吸引让我们产生欲望就等同于重复已有的欲望或者服从特定欲望形式的错觉,但是在上述任何一种情形中,欲望机器都在运作,并且表示了正向的强度等级。作为对前两种机器所做的综合,单身机器调解了排斥和吸引之间的矛盾。"在排斥和吸引的摇摆中,产生了诸强度层级中的差异,产生了从一个紧张状态到另一个紧张状态的过渡,而在每个过渡中都出现了一个游牧主体,欲望机器和无器官的身体随之进入一种新的关系之中,一种新的功能运转也随之而生,它通过单身机器的形成而对偏执狂机器和奇迹化机器之间的排斥和吸引进行'调解'(reconciles)。"[1]"如果将无器官的身体视为一个被欲望机器的回路划分为网的表面",那么这种被回路内蕴含的强度构建的无数转瞬即逝的游牧主体"则是沿着刻写于表面上的各种路径而在各处闪现的出格点(errant point)"。[2] 因此,单身机器维持了偏执狂机器和奇迹化机器之间的某种张力。

可以看到,游牧主体不仅与强度有关,还与强度间的过渡有关。为了理解单身机器的运作模式,有必要对游牧主体中的"游牧"一词做些解释。"游牧"是德勒兹和加塔利在《千高原》中仍然使用的核心概念。在解释这个词的内涵的时候,德勒兹和加塔利提醒我们,不要混淆"游牧"和"游牧民族"。但他们的这种说法并不意味着我们不能通过游牧民族来理解游牧主体的特性,他们要强调的毋宁说是现实存在的游牧民族,无论他们的行

---

[1] 罗纳德・博格:《德勒兹论文学》,石绘译,南京大学出版社,2022年,第78页。

[2] 罗纳德・博格:《德勒兹论文学》,石绘译,南京大学出版社,2022年,第77页。

事风格是多么自由,多么不囿于定规,多么在漂泊无根的状态下对每个出现的新问题都做实时决策,他们总有定居下来建立家庭和宗族而进一步建立民族和社会的内在需求;而游牧则是代表了完全不寻求安稳的纯粹的"游牧性"。而当德勒兹和加塔利谈到单身机器生产的是处于"纯粹状态的强度量"的时候,这意味着游牧主体并非是被强度"决定"的,因为强度不仅意味着内在的差异,它本身就表示标识着过渡的倾向,而德勒兹会将强度的改变称为生产性差异。而且这种正如欲望机器不代表着永久固定的连接一样,强度代表着对欲望及其满足的渴求以及在欲望被满足之后向下一个强度状态的转换。

德勒兹和加塔利再一次用精神分裂症的临床病例来解读游牧主体的这一特性。精神分裂症患者常常觉得自己不是自己,甚至觉得自己不是人类,比如施瑞伯法官,他不仅觉得自己应该是一个女人,还觉得自己应该是神。精神分析会把这种异常称作幻觉或者谵妄,但从分裂分析的角度来看,这些反倒是最接近欲望生产的觉知,因为如果主体不是先验同一的固定结构,那么就没有对"是何者"的认同,只有对"生成何物"和"当下感受"的强度感知;从生物学和社会意义上的规定来讲,我是一个男人,而从我真实感受到的那些驱使我去行事和思考的,降临到我这里的无法否认的欲望来讲,我无法怀疑我其实是一个女人。生成(becoming/devenir)不意味着我从一个静态刻板形象通过模仿、认同或者任何物理或生物的改造一蹴而就成为另一个静态的刻板形象,而是作为现在的我作为原本就是卵的无器官的身体中内涵的众多汹涌的强度冲动导致的形态发生过程的某一强度状态顺应着从未停止的强度涌动变形为另外一个强度状态,另一个时刻的我。这样,我们便可以说即使在频繁改变的游牧主体的生产中也存在着一种身份认同,只不过这种身份不是止步于在几种身份属性的选项中选择其中的一种(问题不是我认同自己为男性,还是女性,甚至也不是在于认同于多元性别预先给出的目录中的任何一种:我是他或她或他们),而是认同于身份的流动性本身[我认同于我自己:我是我!或者,这就是我(that's me!)]。"在思考着的是一个主体"这个命题获得了崭新的意义,不再是笛卡尔式的对我思之谜的揭示,也不再是康德对我思的批判,即"但凡是进行思考的主体都把自身认同为思考着的主体",而是意味着"在任何时候认识到自己的我就是在进行认同的那个时刻表达出来的我"的每时每刻都在更新的不断发现。从这个角度而言,多元性别政治只有在不存在任何概念性的性别的时候才成立。

从更日常的角度理解,游牧主体相对于同一性主体的优越性,就在于只有每个人自己才真正了解自己,同时任何从外部施加的身份规定都至多是近似和通约。在这里,"了解"在斯宾诺莎的意义上意味着:心灵的素朴观念就是肉体的观念,在认识到自己的身体想要做什么,能够做什么,而且被什么东西吸引之前,理性都无法真正了解我们自身。外部规定只能通过似是而非的属性把我和其他人归为一个群体,这不仅是因为人们不能也往往没有兴趣去真正了解其他人("我早就知道他是个这样的人了"),也是因为这样方便社会管控(自20世纪50年代初期以来,所有年处18岁到35岁的韩国男性公民都有义务服兵役)。通过给自己贴标签来成为某个圈子的一员或者给别人贴标签来排斥他人,这些行为恰恰说明了某人一点都不了解自己,反而是混淆了可被归入的社会群体与他自己的独特本质。人们似乎只是想追求被异化了的社会身份,这种行为的普遍化让人与人之间的交往变成了连连看的游戏——认为两个人都喜欢同一部电影或者同一首歌就能成为知心好友,这和两个人都喜欢吃桃却都不喜欢吃苹果就能成为好朋友一样荒谬。

游牧主体确实是一种奖励,这一奖励就是对生产过程本身的承认和赞同,这也就是主体为什么同时也是一个化身(avatar)。由于欲望机器的连接总是对欲望的满足,所以每次连接都是"感官愉悦"(sensual pleasure/volupté)或者"自我享受"(self-enjoyment/jouir de soi)(AO 22),就连施瑞伯法官受到的折磨,只要这些折磨是通过纯粹的感受被给予的,这种折磨也可以被看作享受,因为它让主体切身感觉到自己的"生命",而生命就是源源不断的切实感受。由强度元素构成的主体并不比构成它的强度元素多出任何实际的东西,而只是多出一个把这些元素的共存看成是集合的形式性指认。这样作为一个事后效果的主体就是在生产过程表面的一个摹本(double),因为严格来说由于欲望生产的连接性综合是毫无留恋的和转瞬即逝的,每一次通过欲望的满足获得的享受只对那单次连接适用,尽管我们可以为每一次享受分配一个主体,但这个主体也是随着每一次强度的刺激之后就随之消散;不存在在多个连接之中保持不变的同一性主体,只有在多种相异的强度状态之间穿梭的不可总体化的唯名论主体。在一片广袤的沙漠上,旅行者把一小块具有特定形状的沙地叫作"沙地 A",主体就是这个指向沙地的名字;多种环境因素的综合会导致沙子的形状和内部受力结构发生变化,随着每一次无法察觉的时间流逝,我们称之为"沙地 A"的地方也在发生许多微小的变化,这个"沙地 A"其实是"沙地 A′","沙地 A″","沙地 A‴"……的状态连续。这便是对主体的内在性理解。然而,假设旅行者第二次来到沙漠想找到沙地A,这次他只能借助某种外部准则,比如在记忆里,这片沙地在第二棵仙人掌的右手五百米,又或者有一个科学家告诉了他确切的经纬度,这样"沙地A"变成了一个抽象的符号,无论那里的沙子现在是什么形状,也无论沙子内部的作用力是什么样的,甚至就算这片沙漠已经变成了绿洲都无关紧要;"沙地A"现在是一个抽象的符号,它将永远指向一个穿越所有时间的特定的空间。这就是单身机器的另一个面向,随着消费-完满的综合转向超验性运作,我们熟悉的同一性的主体出现了。

我们可以将这种同一性的、不变的、拥有欲望的主体叫作统治主体(sovereign subjectivity)[①]。顾名思义,统治主体就像一个君王一样统治着所有欲望,有些欲望是可以接受的,而有些欲望因为道德意识的侵入变得肮脏下流,因此要被逐出欲望领域。和前两种综合的超验运作一样,统治主体的出现源自某种误认,构成了主体的元素现在被认作是受理性主体制约和管辖的元素,过程和产物的先后关系被颠倒了。在第三综合的内在运作中,游牧主体通过承认构建自己的元素而诞生(It's me!),但在超验运作中,统治主体把构建自己的元素认作是自己的拥有物(it's me, so it's mine),因此产生了自己可以操控欲望的错觉。嫁接在这种误认之上的精神分析首先用俄狄浦斯的家庭戏剧让主体看到自己内心深处的肮脏秘密,通过在他们心里种下愧疚来达成内部的教化,再把一套行事方法和思想准则教给他们,规训他们什么是真正的"正常"。在这种教学法的威逼利诱下,被动的状态主体仿佛获得了行动主体的自主性,在孕育着众多汹

---

① Eugene W. Holland. *Deleuze and Guattari's* Anti-Oedipus: *Introduction to Schizoanalysis*. London: Routledge, 1999. p.34.

涌冲动的欲望生产中挑挑拣拣，想要跟风给这种原生的生产过程一个自己都不知道有什么意义的秩序，只是为了受到其他文明有素养的虚伪之人的赞许。这样一来，部分客体被还原到了整全客体，欲望生产变成了欲望规训，而真正的欲望生产这个动力之源被放进一个黑箱子藏起来退居幕后。精神分析在台前摆弄着他们那些花拳绣腿的小零件，却绝口不提为今夜的演出提供能源的发电机。怪不得精神分析甚至无法解决他们自己制造出来的精神问题，他们为了机器的造型美观而把对于欲望生产来说极其重要的齿轮和螺丝统统拆下来了，而当欲望运作出现了问题无法给他们装点门面的广告牌供电的时候，他们说：别着急，坐到沙发上慢慢说，你有尝试过刷另一个颜色的漆吗……

合取综合的能量形式被称为享乐欢愉（voluptas）。罗马神话中，沃路普塔斯（Voluptas）是感官愉悦之女神，对应于希腊神话中的赫多涅（Hedone）。在拉丁语中，voluptas 一词的意思就是欢愉或愉悦，英语中 voluptuous 一词就是以此词为词根，意味妖娆的、纵欲的、风骚的，有很强的色情暗示和肉体性意味。享乐欢愉是消费-完满的能量，因为主体正是凭借从强度性的刺激中获取满足才能存在，而这种强度实际是对无器官的身体同欲望机器之间的排斥和吸引进行协调的结果，因此享乐欢愉同样是生产性动态过程的剩余物。主体通过消费享乐欢愉获得欲望的满足，但这种能量不是主体可以轻松驾驭的——在日常生活中人们通过购物、享受美食和娱乐来满足可控且触手可及的欲望来，剂生活——而是难以忍受的（unbearable）。这实际上就意味着享乐愉悦是不可控的，有时甚至可能具有毁灭性。按照消费-完满综合的内在性运作本质来讲，这其实更好地体现了作为后生效果的主体不稳定性，因为不存在能够驯服每一个强度性感受的稳定的同一性主体,而是每一个特定的强度状态使得特定时刻的主体得以绽放出来。"总而言之,吸引力和排斥力的对立生产了一个强度元素的开放序列,这些元素都是实在的(positifs),而且绝非系统最终平衡的表达,而是由无限多静滞的亚稳定状态构成的,主体在这些状态之间穿行。"(AO 26)这些强度性的元素揭示了肉体实在且充盈的感受性,并且使得肉体的愉悦不能够被概念或形式化约。从某种程度上说,享乐欢愉本身并不一定带来欢愉,而是它确证的肉体性感官的存在带来的纯粹的愉悦,因为它使得主体发现了感受和被感受的能力,发现了身体所能做的一切。这也就是为什么施瑞伯法官在转变为女人的痛苦过程之中所感受到折磨仍是享乐欢愉的一种,因为促使他执意完成这一转变的不是某个抽象的理念或法则,而是他的身体确切地感受到无法拒绝和否定的冲动和潜能。因为不是主体在感受着,而是感受着的是主体;正是这些感觉产生了主体,主体也只是这些感觉强度的触发和过渡,而非在它们之上的形式或同一性。这样,精神分析用来描述病人怪异想法的幻觉或者谵妄都只是实在感觉的表象,因为虽然表象能通过区分正常与非正常,以及真实与虚幻,但一切感觉都是真实的,它们只是强度。

> 这些常常被描述为幻觉与谵妄,但幻觉(我看见,我听见)的基本现象和谵妄的基本现象(我认为……)以一种更深层的我感觉为前提,这种我感觉为幻觉提供客体,为思想的谵妄提供内容[……]谵妄和幻觉相对于实在原初的感情是次级的,后者在一开始只体验到强度、生成和过渡。(AO 25)。

作为总结,所谓欲望生产的三重综合实际可以看作对欲望生产中机器性连接的三种不同解释。连接的综合将欲望机器的连接当成是真正具有创造性的能动连接,强调连接遵循欲望内部的动力所展示出的**直接性、无目的性和生成性**;记录的综合把连接与某种法则与模板联系起来,将欲望的实现看作与某种预先设定的形式、系统或编码机制有关。因此,欲望的实现不再是直接的自我生成,而是按照某种预先分配的逻辑被"铭刻"在社会、法律或资本的规则之中。完满-消费的综合则强调欲望的连接能够制造的快感,连接不仅仅是描绘欲望运作方式的抽象形式化过程,更是能够从其完成中得到巨大的、强度的、真实的快感的过程。因为即使是转瞬即逝的游牧主体也能够提供自我认同的可能性,给予人真实地活在这个世界上的意义,主体就是这种快感或者欲望生产的奖励本身,是连接的强度的摹本,又,快感或者享受不可避免地要被归于某个人身上,主体就又是享受着这一快感的个体。

尽管三种综合在不同社会形态中始终共存,但它们的关系和主导地位因社会结构而异。某些社会更倾向于鼓励自由的欲望连接,而另一些社会则更加强调记录和符号化的规训。然而,有一点是确定的:一旦反生产相对于生产占据主导地位,欲望就会被压抑。

更重要的一点就在于认识到,虽然在本章中,偏执狂机器是在连接性综合之中被介绍,但偏执狂机器和奇迹化机器并非分别对应于连接性综合和析取性综合的。这两个复合机器毋宁是说发生在连接性综合与析取性综合之间,因为它们涉及无器官的身体与欲望机器的两种关系。当无器官的身体排斥了欲望机器时,出现的是偏执狂机器,而当无器官的身体吸引了欲望机器之时,奇迹化机器就出现了。连接性综合更应该被看作欲望机器本身的创造性连接,此种最初装配使得基于欲望机器的复合机器成为可能。

精神分析的五个谬误

德勒兹和加塔利最终把各种综合的非法运用总结,即精神分析对无意识中进行的欲望的内在性生产进行的劫持总结为五个谬误:

第一个谬误:外展(extrapolation)的谬误(AO 131),指精神分析试图将部分客体还原到整全客体。这对应于连接性综合。

第二个谬误:双重束缚或双重僵局(impasse double)的谬误(AO 95),指精神分析使得人们要么接受俄狄浦斯情结,背负上杀父娶母的罪名,并内化这份内疚,要么拒绝俄狄浦斯情结,这要以成为无可救药的疯子为代价。这对应于析取性综合。

第三个谬误:应用(application)的谬误(AO 132)。精神分析先将家庭关系与社会关系分离,再将俄狄浦斯情结反过来毫无顾忌地应用到社会关系之上,以牺牲社会关系的复杂性为代价确保这个起到规定性和限制性的抽象结构随处可见。这对应于合取性综合。

第四个谬误:移置(déplacement)的谬误(AO 136)。精神分析的规定使得人们真的认为其所禁止的东西就是真正被禁止的东西,即把俄狄浦斯情结对欲望所做的否定性规定移置为欲望的本性,让人们真的认为欲望本身就是如俄狄浦斯情结所描述的一般运作的。这对应于精神分析对社会压抑与心理压抑之间做出的区分,这使得心理压抑有独立运作的规律,这是一种对欲望的表象化。

  第五个谬误:之后(par-après)的谬误(AO 153)。自动的、不受约束的、不遵循任何规律的生产性的欲望生产被精神分析解释为在逻辑上是在抽象同一的俄狄浦斯欲望结构本质之后才出现的,并因此将生产看作相对于标准的偏离。这对应于社会压抑与心理压抑对欲望生产产生的影响,同样是对欲望的表象化。

第四章　欲望机制的历史谱系学

《反俄狄浦斯》第三章"原始人、野蛮人和文明人"(Sauvages, barbares, civilisés)主要从欲望生产的能动形式出发进行分析，重新构造了一套历史谱系学，意在说明由抽象而来的俄狄浦斯情结是如何通过社会发展的诸阶段逐步篡夺了欲望生产的核心地位，又是如何完成与资本主义社会——这个在德勒兹和加塔利看来代表着对欲望生产最严密管控的社会形式在当下实现同谋的。俄狄浦斯情结被描述为一个诞生于欲望生产内部的阴影，但这个阴影的力量逐步变得庞大，并且最终实体化为本质。在这一章节的论述中，德勒兹和加塔利将对欲望生产的运作机制进行了历史化和过程化，完成了对俄狄浦斯情结的幻象和资本主义社会控制形态的总攻，占据全书的庞大比重足以说明其重要性。

正如章节名称所暗示的一样，德勒兹和加塔利认为，总的来讲，人类文明从古至今的发展可以大致划分为三个阶段，且有三种机器运作方式分别与这三个阶段相对应：原始人的原始辖域机器(the primitive territorial machine/la machine territorial primitive)，野蛮人的野蛮专制机器(the barbarian despotic machine/la machine despotique barbare)以及体现为高等文明的文明化资本机器(the civilized capitalist machine/la machine capitaliste civilisée)。这一表面上看来是文明化程度不断提高，社会、政治、文化以及各个方面不断得以发展和完善的线性进步历史,实际上也是最根本的、最具有始源性和生产性的欲望生产被以更强大和更精细的方式所压抑、遮掩和忽视的过程。执行这一压抑的就是俄狄浦斯情结。但俄狄浦斯情结出现于欲望生产过程的内部,因为其内部有一种想要将其产物固定下来的倾向,而正是欲望生产的各种产物及其关系构成了社会机器的不同形式。又,因为俄狄浦斯情结同样是欲望生产的一个产物,在欲望的能动性生产形式之外,对欲望进行钳制的抽象结构不存在,也就是说在使得俄狄浦斯情结成为可能的欲望生产之外,俄狄浦斯情结不存在,然而差异性和开放性的欲望生产并未将确定的欲望结构当作自己的唯一重点。因此,在欲望生产和俄狄浦斯情结之间存在的这种互为前提的关系内部,俄狄浦斯情结意图做到的是超脱这种循环,将自身作为绝对起点,并将能动的和未规定的生产覆写为模拟的生产和完全规定的生产。俄狄浦斯情结的这一本质的虚幻性已经在第二章中展示出来了,第三章要做的是从欲望的历史化源头展现其具体的出现方式。

在这一章中,德勒兹和加塔利采取了某种可以被称之为尼采意义上"谱系学"的思路。传统的谱系学,就字面义而言,是一门对血脉与亲族关系的演变进行考察的科学,其考察结果即族谱或家谱。这种追溯家族历史和对祖先身份和亲缘关系进行不断确认的倾向及其得到的由血缘和遗传保证的世代承袭的结论,不仅暗示了起源的概念,还预设了从起源到现状的连续性和同质性。而尼采意义上的谱系学拒绝这种同质的化约,反对从当下对某个概念的理解出发回溯性地重构对某一历史时期中同一概念的理解,这种理解对起源和目的的混淆反而很容易导致阐释的时代错乱(anachronism)。在《道德的谱系》中,尼采的谱系学方法揭示了在希腊时期人们的眼中没有基督教道德中的善与恶,只有所谓强者道德或者高贵者道德评判标准下的好与坏。德勒兹和加塔利则以类似的方式揭示了,尽管在当今社会,欲望的现实可以被看作服从俄狄浦斯模式的解释,但这一模式不能被套用到对原始社会欲望形式的分析中,这不仅是因为在当时欲望生产的积极性和能动性尚未像在当今社会一样被完全压抑且固定下来,更是因为在当时,俄狄浦斯情结所代表的乱伦禁忌和阉割焦虑等诸元素尚未存在。

然而,历史谱系学考察并不意味着要对世界历史的具体事件、阶段和发展过程进行分析和梳理,而是对某种普遍的历史发展进程的形而上学考察。因为具体的历史事件总是偶然的,而历史的发展方式则依凭内部动力具有某种确切的路径。"首先,普遍历史是偶然性的历史,而非必然性的历史。断裂和界限的历史,并非连续性的历史。"(AO 163)当然,具体历史并不具有连续性,人们通过从对现实的反思中抽象出某种普遍规则或道德教诲,使得具体历史得以现实化的潜在领域的运作的确在某种意义上是连续的:在每一个具体实例当中,欲望总是凭借积极的冲动和部分客体相连构成机器,这一部分总是偶然而不可预测的,但欲望的运作模式总是不变的并且永不停歇的。此外,欲望生产的历史同样可以被看作某种具体的历史,但这不是经验的具体,而是发生的具体。我们可以模仿德勒兹,将欲望生产的这一特征称为经验主义,这应该被理解为先验经验主义意义上的经验主义。这是"一个可塑的原则,它不会比自己限定的条件更宽泛,而是随条件变化而改变自身,并且根据它决定的每一个具体情境来决定自身"。①

在进入德勒兹与加塔利对每一个社会机器样式的具体讨论之前,我们还需要简单介绍一下社会体(socius)这个概念。尽管这个概念在第一章的开始部分就有提及,但是其理论上的重要性直到第三章才真正展现出来。德勒兹和加塔利将社会体看作某一个社会中存在的各种关系的潜在集合。社会体不仅使得具体的社会关系得以被看作欲望生产的结果,还使得这些具体关系能够被反生产,并保留对应于这些关系的潜在差异元素。"简而言之,作为充盈的身体(un corps plein)的社会体形成了一个所有生产都被记录的表面,并且使得整个过程好像是由这个记录表面散发出来的一样。"(AO 16)由此可见,作为一个未分化整体的社会体不仅以极具生产性的连接性综合中的欲望捕获和流动为核心,更是同时关系到析取性综合的容纳的析取和排除的析取,即内在于析取性综合的自由生产与外在于析取性综合的奇迹化机器。在本章的第一节"铭刻的社会体"(socius inscripteur)中,德勒兹和加塔利就强调我们应时刻注意社会体的这两个方面之间的区别,并且表明:正是社会体的铭刻特性带来的两可性,即社会体既是进行铭刻的能动性过程,又是呈现作为产物的铭刻痕迹的表面,便利了确定性形式的出现、保存与巩固,并最终为呈现为当代资本主义社会精神宗教的俄狄浦斯情结铺好了道路。然而,既然社会的发展就体现为在不同的社会形式下对社会体进行不同铭刻和标记,每一种特定的社会机器

---

① 吉尔·德勒兹:《尼采与哲学》,周颖、刘玉宇译,上海文艺出版社,2023年,第95页。

就体现为对自动、容贯且永不停歇的欲望生产过程进行的干扰和形式上的固定,即不同形式的编码(coding/codage)。"流的截断(prélèvement)、链的分离、部分的分配。对流进行编码意味着这些操作。"①(AO 166)

这样,本章的任务就十分清晰了:对不同社会机器的不同编码形式进行分析,来描述欲望生成的能动过程是如何被逐步压抑并且让位于俄狄浦斯情结的规定行为。接下来,让我们从第一种社会机器开始:原始人的原始辖域机器。

原始人

原始辖域机器

首先,让我们明确一下,什么是社会机器。我们已经知道,在德勒兹和加塔利的意义上,机器就是从具体的功能出发对流进行的切断和连接,每一架机器都包含了一个发出流的机器部分和一个截断流的机器部分,正是通过截断,机器使得自由的欲望之流能够在某一个特定功能内被性质化。如果说欲望机器总是会出于各种各样的原因被拆解和重组,因而具有暂时性的特

---

① 英译本的表述对这里进行了更详细的解释:"流被分开,元素被从链上分离,需要完成的任务被分成不同的部分进行分配。对流进行编码意味着这些操作。"(Flows are set apart, elements are detached from a chain, and portions of the task to be performed are distributed. Coding the flows implies all these operations.)见 Gilles Deleuze & Félix Guattari. *Anti-Oedipus*. Trans. Robert Hurley, Mark Seem, and Helen R. Lane. New York: Penguin, 1977. p.141.

点,那么社会机器与欲望机器相比就代表了欲望的连接方式相对于某一种特定社会的相对固定。因此,社会机器表示着通过规定流的截断-连接方式并将之固定下来的某一个特定社会形式中欲望生产的特定关系,并体现为具体的社会关系。

> 社会机器,与之相对,将人作为其组成部分,即便我们将人们连同他们的机器一起看待,并且在行动、传递和运动技能的每个阶段将他们整合并内化到一个制度化的模型之中。因此,社会机器塑造了一种记忆,如果没有这种记忆,人类与其机器之间就无法形成协同作用。(AO 165)

于是,在社会体和各种社会机器之间形成了对立,因为社会体代表的是一种诸关系尚未被现实化的潜在状态,而社会机器则是一方面通过对社会体进行铭刻,另一方面由铭刻代表的确定的社会关系构成的。

原始辖域机器是第一架通过铭刻社会体出现的社会机器,它铭刻的社会体是大地(the earth/la terre)。这显而易见,因为从历史的角度看,这一初次铭刻应使得人类从其生存的自然状态之中剥离出来,建立独属于自己的领域;而大地充盈的身体正是那个在一切意识的区分得以可能之前的浑然一体的未区分状态,通过与一切未分的自然状态中"脱离"出来,人的身份才能被称之为可区分的,社会领域和文化意识才得以可能。但是这种"脱离"仍然是基于大地之上的,没有导向任何特定的社会体制或者政权的建立。因此辖域也不是指对居住地、食物、劳动等多种社会因素的确切划分,而是使得这些划分得以可能的,"人类社会"这第一个仍然处在晦暗不明的状态之中原始且基础领域的出现。对于德勒兹和加塔利来说,辖域机器的这一原始铭刻的结果是亲属关系的出现,也就是使得人能够分辨出父亲、母亲以及其他亲属的身份,使得人能够在特定的社会关系中辨认出自己,而最先出现的社会关系必然是亲缘关系或者广义来讲的家族关系。然而,由于历史谱系学同样是历史的欲望发生学,像结构主义人类学那样,简单满足于宣称对于一切人类文明来讲,都有一个固定不变的亲属关系(kinship/parenté)形式是不恰当的。这不仅仅因为一个抽象的普遍范式并不会对理解特定的原始文明活动起到多大的作用,更是因为如果要考察亲属关系是如何从一个亲属关系尚未存在的状态发生,就不能把已知的结构体系当作前提。这样,对亲属关系的考察迫使我们去寻找使得亲属关系得以可能的前提条件——从确定的结构转向未规定的自由状态,从人类精神结构的宏观层面转向从本地纽带(localties/liens locaux)这样一种具有限制性和亲密性以及始源性的小范围。德勒兹和加塔利把这种在本地纽带中形成的发生性运作的元素称为亲族关系(filiation)和联盟关系(alliance)。在原始社会中,联盟常常通过联姻的方式发生。亲族关系和联姻关系是原始辖域铭刻的两重特征,必须要通过对社会体的铭刻而被呈现出来,虽然在两者之间存在着绝对的差异,但是它们是相互连锁的,共同完成编码。德勒兹和加塔利将这种关系称为"变格(déclinaison)"(AO 171)。

亲族关系和联姻关系

让我们考察一下这两种关系的具体含义。在一般的家庭结构中,这两种关系同时存在。亲族关系指的是孩子与父母之间的垂直关系,而联姻关系指的是父母两方之间的水平关系,因为严格来讲,是联姻行为将父方和母方这两个家族组合成了一个家庭。当然,对于一个已确定的家庭关系而言,亲族关系和联姻关系之间的区别没有那么重要,因为无论是父方的长辈还是母方的长辈,都是孩子的祖先。然而,如果从一个未构成的家庭的角度来看,显然两者指的是完全不一样的东西,因为亲族关系指向一个血缘关系的内部,而联姻关系指的是两条完全不同的血缘之间的组合,这一组合对于任何一条谱系来说都是外在而偶然的。在语言学中,变格(declension)指对于某些高度屈折语而言,名词需要根据与动词的语法关系在形式上予以配合。但在这里,变格不仅指我们需要在家庭关系中分别分离出亲族关系和联姻关系的元素,还意味着联姻关系在本质上起到了与亲族关系完全不同的作用,而不只是作为两个家族序列之间进行的消极连接。"如果这台机器是一种变格(或屈折)的机器,那就意味着,无法仅仅从亲族关系中直接推导出联姻关系,也无法仅凭亲族的谱系(lignes filiatives)简单地推导出各种联姻关系。"(AO 171)联姻关系作为一种外部操作,对两个异质的亲族序列进行差异化的连接,所起到的作用是外延化并且质化亲族关系,也就是说把亲族关系中不确定的因素固定下来,使具体的亲属身份得以形成。德勒兹和加塔利发现,在原始部落文明之中,亲族关系尽管指出了血缘关系,但并未明确生物学关系如同在当今社会中代表的文化、伦理和道德的意义。尽管从一种现代人的视角看,我们可以说在这个人类文明的初始阶段,亲族关系仅仅意味着一种高度的身体和精神上关联,是一个尚未分化的神秘整体,人们还不能在其中明确辨认自身相对于其他亲属的身份,因此,一个个体可以在亲族关系内的多个身份之间任意穿梭而不造成热和悖论。比如,男性后裔尚未将自身辨认为母亲的儿子，只是将自己当作家族中的一个不确定的成员来看待，从而与母亲处在几种不同的关系之中。马赛尔·格里奥尔（Marcel Griaule）发现在西非多贡族（Dogon）中，尤鲁古（Yourougou）代表了一种不平衡的潜在存在带来的混沌，女性的胎盘会因为其带有的神秘意味成为亲族关系交融为一体的核心。男性后裔会因为出生自母亲的胎盘而认为自己是母亲身体的一部分，进而将自身认作母亲的灵魂双胞胎，按照一种独属于他们民族的神秘规则，这允许儿子成为母亲的合法丈夫（AO 186-187）。亲族关系的这种浑然不可分的状态被称为强度的（intensive filiation/filiation intensive），因为使得一个亲族关系内部的多个成员得以相互暂时被区分的，不是确定的身份，而是欲望的特殊程度，并且仍然服从于一种十分灵活的可变性。这时每一个"人"都是一个"戏剧人物"（dramatis personae），因为每个人都能被现实化为不同的角色。

> 这很显然，并且令人震惊：这些还不是身份。他们的名字不指代身份，而是指代"震颤的螺旋运动"的强度变化，容纳性析取，一个主体得以经过宇宙之卵的必然的双胞胎状态。一切都必须根据强度来阐释。卵和胎盘自身，都被一种"能够增强或减弱"的无意识的生命力量所推动。（AO 158）

更广泛地来说，强度的亲族关系代表的正是欲望机器的强度性连接。不需要反思连接是否合乎规范，也无需在意欲望的对象所关联的整全客体是否合理，只是为了使欲望最快最好地得到满足。

与强度状态相对，存在着一种亲族关系的外延状态（extended

filiation/filiation étendue），在这里，不同辈分之间的身份关系被确定了下来，因为在一条确定的家族谱系之中，一个人只能占据一个确定的地位。这似乎更接近现代人对亲族关系的理解。然而如果没有联姻行为从外部的介入，亲族关系从强度状态过渡到外延状态的这种转变是不可能的。但重要的不是联姻行为的发生，而是对联姻关系所代表的父系与母系两条完全不同的序列之间的绝对差异性的认识——在于在社会化的亲族关系之中辨认出，父亲或母亲必定有一方是来自另一个部落、另一个村庄，而不是生来就在这个亲族关系之中。联姻关系的这条原则可以简单表达为：为了权力的交换、资源的互通和力量的联合，子嗣应该在本族之外寻找配偶，使得两族之间形成通婚。狭义上的亲族关系是自然基于遗传的，因此按照宗族关系是等级制的，而且是封闭的；而联姻关系总是出于经济和政治的考量，使得封闭的亲族关系进入到与其他序列的交通和接触当中，因而是敞开的。诚然，对于原始辖域机器，亲属关系是形成社会领域的基础，但是如果某一亲族一直进行族内通婚，保持封闭，比家族更大的社会单位就不会形成，社会也就不会存在，因此反过来，家族必须要在更大社会单位的背景之下才有存在的可能；必须要有整个社会的开放，才能保证某一个亲族的连贯完整。

因此，联姻关系通过外展亲族关系得以确定亲族内部的身份，儿子被定义为母亲所生的孩子，并且被一系列地位和社会关系赋予了含义。这时，尽管按照某种传说，儿子可以将自己认同为母亲的合法伴侣，但由于在现实中，儿子同自己的舅舅必然有现实的区别，所以这种联合是不可能的。同样地，舅舅也不能同自己的妹妹即儿子的母亲结婚，因为只有在胎盘所象征的始源神话中兄妹才允许在一种双胞胎象征的神秘性中结合达到统一。因此,伴随着联姻关系从强度状态被联姻状态外展成外延性的,亲族关系内部原有的混沌的关系被转化为确定的身份,神话状态中代表的浑然不分的懵懂转变为根据确定生理事实的亲子关系,暗示自由的身份转变的模糊符号被有明确区分的系统性亲属关系所替代,欲望的自由流动也被固定下来并因此被局部编码。然而这一切社会关系的建立都与俄狄浦斯情结想要在人们心中根植的乱伦禁忌毫无瓜葛。因为尽管从伦理道德和生物医学的角度来说,与近亲结婚,特别是与母亲结婚,是有悖伦常而且有生育畸形儿风险,但是由于对处于强度状态的亲族关系的个体来说,一切身份的划分都尚未存在,因此,基于母子身份的乱伦行为严格来说也就不成立。其次,亲族关系对联姻关系的纳入并非因为后者是前者的自然延伸,反而,父母亲之中的一方在一开始必然是作为一个偶然因素被作为异族容纳的,这种与外部的横贯关系是无论如何都不能够从给予自然繁衍的亲族关系之中衍生出来的。最后,两族之间的通婚是出于某种权力、资源和生存的实践考量,思想的禁忌是由实践的偏好决定的。因此,俄狄浦斯情结不是体现在原始社会中的抽象结构,其勉强的应用仅仅是扭曲了原始社会独有的社会事实的结果。这也就是为什么德勒兹和加塔利说,相对于人类学家对不同部落文化和亲属关系的具体考察,俄狄浦斯结构仅仅是一种"殖民化"的产物,因为若不是现代文明的阐释者以俄狄浦斯情结为前提任意破坏和重组特定文化习俗展现出来的独特事实,人们就不会在那里发现俄狄浦斯情结杀父娶母和阉割焦虑的一丝影子。

原始债务形式

结构主义人类学理论认为一切文化都有相同的深层结构,

这暗含着另外一重意思:任何社会都倾向于摆脱动荡、寻求稳定,而一切处于和平稳定状态之中的人类社会都会体现出相同的普遍结构,由此一个静态的形式性系统就可以概括任意一个人类文化的本质。当然,结构主义人类学并不忽视真实发生的复杂社会历史,也不会盲目断定某一社会已经处在静态和谐之中,但是,他们把那些繁杂多变的现实当作探求绝对本质的障碍,把展现出的不稳定和波动当作干扰因素和例外状况,除了一个抽象出来的结构真理之外别无所求。欲望生产则强调:没有任何被先行确定的秩序和规则,一切客观普遍的规则都仅仅是从产物出发的反生产回过头来对能动的生产过程进行的限制,是结果已知的预言。由此,与结构主义相较,欲望生产要更强调生产过程中的那些不确定因素、局部的不稳定性和随时都有可能转变生产过程的意外事件,就算有某种可拟合的普遍性出现,也只是出现频率较高导致的结果。

  以一个特定人类学的研究为例,德勒兹和加塔利将埃德蒙·利奇(Edmund Leach)与列维-施特劳斯为代表的结构主义人类学对置起来,并将利奇作为自己的理论战友。在对克钦族(Kachin)婚姻习俗所做的人类学研究上,列维-施特劳斯和利奇给出了完全不同的两种阐释。列维-施特劳斯认为,克钦族的婚姻模式的本质应该同样是一个静态稳定的结构系统,对于具体习俗中包含的特定因素,人类学家应该将它们看作结构的某种曲折的呈现加以分析,或是作为干扰项和迷惑项被排除。利奇则主张忠实于文化事实的实例分析,导向了完全不同的结果,即克钦族内部的实际的联姻行为持续制造了价值的剩余和缺失,正是这种不平衡使得所谓系统永远处于一种动态运动之中,本质上向无限的波动敞开,不会保持稳定的均一态。两种观点的主要差异在于,文化行为整体内部的不平衡"是如列维-施特劳斯所认为的那样,是病理性的并且是结果的展现,还是如利奇所言,是功能性的和基本的"(AO 221)。

结构主义人类学的观点会导向一种人们称之为"交换论"的理论态度。因为交换建立在系统的整体稳定之上,交换所代表的不平衡仅仅是平衡状态的微小波动,而且交换是为了偿清债务,所以交换论预设了债务是可被量化和可偿清的,而且这种量化问题的解决是一切人类文化现象的根基。简而言之,交换论倾向于把人类个体看作理性的经济人,而且一切行为都是本质上经济的,认为一切付出都建立在等价回报的基础之上才有可能,通过保证交换代表的局部稳定将整个社会系统维持在稳定之中。然而,德勒兹和加塔利强调,尽管人类社会中存在着各种各样的交换行为,但是如果以交换行为作为出发点,交换反而将不再可能——交换这个社会表象必须要以另一种植根于欲望的经济形式为基础才可能,这另一种形式就是债务(debt/dette)。

首先需要明确的是,债务必须脱离交换的形式来理解,因为正是债务使得交换得以可能。在原始社会中,严格意义上的交换行为尚未出现,仅仅是相对于作为首要现实的债务的次要现实。我们曾经提到过,联姻行为或者广义上的联盟行为是出于对权力、政治和资源共享的考量,这好像为交换论的支持者提供了一个不争的事实,将原始社会的经济流通方式描述为理性等价交换的雏形。但严格来说,无论是权力这种抽象资源还是人类赖以生存的物质资源,都需要脱离固定的储藏和囤积,在与另一方的关系中流通起来,而所谓交换仅仅是对这一自发要求的事后总结,是它呈现出的表象和结果。这是由欲望机器内部析取性综合与连接性综合之间的关系决定的。一旦欲望以连接性综合的方式构成了欲望机器,后者就必定寻求自己的断裂,在新的机器部分之中构成新的连接,而析取性综合的"或……或……"的模式为连接性综合的"然后……再然后……再然后"的模式提供了选择,构成了连接性综合的界限。在德勒兹和加塔利眼中,强度性的亲族关系就是容纳了且不停调控着连接性综合的内含性的析取性综合,因为它符合"或……或……"的模式,使得个体得以在作为整体的亲族关系内部形成多种连接,并且多个选择之间并不互斥,从而完成了在地球充盈的身体表面之上对生产关系的铭刻。而联姻关系不仅仅意味着新出现的婚姻行为,还意味着意识到在广义的亲族关系中总是已经包括了联姻关系。当联姻关系作为一种差异化的操作被纳入亲族关系内部时,原来仅有强度差异的诸个体现在被确定的身份固定在一个外延的亲属关系系统之中,能够被所有人客观平等地认识。由此,在强度性的亲族关系被展开为外延性的亲族关系之时,析取性综合的类别也由在不可分的混沌中容纳着非互斥的多种连接性综合可能性的容纳的析取转变为规定唯一合法连接方式的排除性析取。

但是既然联姻关系是外延性的,而且如果没有这种外延性的联姻关系,强度性的亲族关系就不会被外展形成确定的身份,那么重要之处就不在于联姻关系不能够从亲族关系中推导出来这一事实,而是联姻关系这个不能够从亲族关系中推导出来的关系能够被构建为一个表象的可能性。我们必须认识到,强度性的亲族关系之中自身有一种特点和倾向使得外延的表象成为可能,但其本身并不是外延。这种特点或者倾向就是债务。在原始辖域机器中,债务以剩余或者耗费的形式出现。

在法国哲学家乔治·巴塔耶那里,"耗费"(dépense)是一个十分特殊的概念,具有重要的哲学、经济学和人类学意义。耗费概念与传统经济学的理念有悖,认为人类不仅仅会以生存和扩大生产等实际需求为目的交换、积累和消耗资源,还常常对有用的资源进行无目的的挥霍和浪费,从而达成某种超越功利性的效果,这是对纯粹生命力、欲望和权力不加掩饰的释放。宗教仪式中的祭品、夸富宴,甚至战争,都是耗费的表现方式。德勒兹和加塔利注意到,在强度性的亲族关系中,正是耗费作为内在推动力促使联姻关系得以建立。一方面,人们必须定期以某种形式浪费掉物资收成中超出生存需要的那部分,因为只有这样才能够促进包括食物、牲畜、装饰品,甚至女人在内的资源流通,生产活动的良性循环才有保证。例如,皮埃尔·卡拉斯特(Pierre Clastres)发现,在印第安瓜亚基族(Guayaki)中,打猎得来的猎物不允许在狩猎者之间内部消化,因此狩猎者和猎物之间构成的析取性综合推动更大的社会关系的建立(AO 174)。另一方面,如果某个家系不与另一个家系缔结某种关系,不通过他者进一步彰显自己拥有的权力和财富的重要性,酋长的统治力就会在一个封闭的环境中逐渐失去效力。例如,利奇在《重思人类学》(*Rethinking Anthropology*)中写道,首领通过举办盛大的宴会,将易腐的财富转化为不朽的声望。这样,终极消费者同样是最初的生产者(AO 176)。原始部落总是试图通过对资源的浪费削弱自身的稳定性,以一种类似于示弱的方式制造出对另一部落的债务关系,通过制造生存危机促使两个部落之间进行合作、联盟和联姻,简而言之,通过削减自己一直保持封闭的可能性向新的联系保持敞开。出于同样的原因,德勒兹与加塔利将亲族关系和联盟关系称为两种形式的原始资本,分别对应于"固定资本或亲族资产,以及资本的循环或者可移动的债务模块"(AO 172)。在这里,债务与交换不同,并不要求欠债人的偿还,而只是标识出一个纯粹的需求状态。这也就是为什么德勒兹和加塔利将原始社会形式的这个特点称作变态(perverse)的,并与倾向于通过囤积物资——以自我封闭的方式提高实力和稳定性并且不断发展的偏执状态形成对立。原始家系总是通过这种方式不断敞开自身,通过耗费凭空制造出需求,制造了债务状态,并防止了物资的囤积转变为资本的原始积累,至此,与专制机器划清了界限。

原始债务形式在社会行为中的表象被称为残忍的系统,这是原始辖域机器对欲望进行压抑的特殊编码方式。所谓残忍,指的是原始社会有用物理方式把符号刻印在肉体之上的习惯。一方面,铭刻这一集体行为使得私人化的肉体被纳入集体,标志着通过对自由欲望之流的原始压迫所缔结的社会性联系;另一方面,铭刻过程造成的痛苦构成了对负债象征性的补偿,而物理意义上的亏欠与象征意义上的偿还之间的不对等构成了债务关系和交换关系之间的绝对的不等同。在这里,德勒兹和加塔利转向尼采推进自己的论证。在《道德的谱系》的第二章,尼采用谱系学的方式揭示了债务在原始社会并不是一开始就以等量交换的经济行为被衡量的。最初,只有具有独立的和长期的自由意志的人才有能力做出承诺,他强壮并且值得信赖,并且认为只有与他相称的人,也就是与他一样强壮并且值得信赖的人才值得向其做出承诺。因此,承诺与其说意味着对他人的亏欠,更重要的是表现了对承诺人自身强劲意志的绝对肯定。而随着买主和卖主的出现,债务关系出现了,但债务并不意味着道德上的亏欠,也尚未称为衡量债务所代表的经济单位的方式。债权人并不想要通过火烧和刀割等残忍行为使负债人以另一种方式偿还自己的债务,因为严格来讲痛苦是不能偿还债务的,但是这时的残忍行为还并未成为对僭越行为的惩罚,用来撒解戾气和以儆效尤,也不是一种小心眼的复仇。痛苦能够补偿欠债的唯一方式是,"只要制造痛苦能够最大限度地产生快感,只要遭受损失的债权人能够用损失以及由此造成的不快换来一种特别的满足感即可:制造痛苦——就是一场真正的节日欢庆。"[①]因此,残忍的系统不过是一种制造快乐和节庆氛围的仪式,通过与亏欠和偿还分别保持一种自由的联合关系排除了等价交换的量化原则,并且作为一种残忍的记忆术使得集体记忆得以被撰写在个人的肉体上。

安德烈·勒鲁瓦-古朗(André Leroi-Gourhan)指出,原始社会的身体标记或称铭刻仪式中有三个组成部分:声音、符号和眼睛。严格来说,声音和符号构成了铭刻行为的两个部分,一方面,符号展现了一个被铭刻的肉体,由于债务的存在,这个肉体通过成为铭刻仪式的对象从原先封闭的单一亲族关系被剥离出来,被纳入范围更广的联盟;另一方面,声音在仪式中象征了超越了单独血缘关系的联姻-联盟组织的存在,因为这种仪式不仅是通过在肉体上留下有形印记代表了联盟对某一个体,或者更严格地来讲,某个不属于独立个体的器官的接纳,还强调对这一接纳仪式具体方式的规定。然而在这里,声音和符号之间的关系并非像在结构主义语言学中的能指和所指一样有简单的对应关系,而是相互独立,不可通约。正是一个第三项——进行评价的眼睛的出现,使得三者在一种自由联合中形成一个相互影响

---

① 弗雷德里希·尼采:《道德的谱系》,梁锡江译,华东师范大学出版社,2015年,第104—117页。

的三角关系。以集体之名观察着这场仪式的眼睛既能够看到发出声音的面孔,又得以观察铭刻在肉体上的符号,但不能直接等同于其中的任意一项,也拒绝在施加铭刻的声音和接受铭刻的符号之间画上等号。相反,眼睛从声音与符号间难以抚平的差异间提取出痛苦,并且将这种痛苦的展演转变为足以提供享受的乐趣。(AO 223-224)因此,提取痛苦的静观之眼"只是能够抓住在雕刻在身体之中的符号与从一个面容处发出的声音之间,也即在标记与面具之间的微妙关系。在编码的这两个元素之间,眼睛提取的痛苦就如同剩余价值(plus-value),攫取了主动的言语对身体的作用,同时也攫取身体作为被作用对象时的反应。"(AO 224)剩余价值意味着,在代表着债务人一方的被铭刻的肉体和代表着债权人一方的施加铭刻的行为之间,存在着一种不可化约为等量交换的经济规则的剩余物,这一剩余物就是债务的原始形态。

身体标记仪式仅仅是原始铭刻的一个例子。从更广义的角度来讲,铭刻的符号不仅仅指通过一种狭义的铭刻行为在肉体身上留下的烙印,一段部落舞蹈或类似于涂鸦的壁画,这些与身体密切相关的姿态都能够以不同的方式在大地上留下生动的印记,这些图像(graphie)的形式都是内容的形式。此时,由于严格意义上的语言尚未出现,因此声音并没有严格要表达的意义,只是一些歌谣、咆哮/嘶吼或仅仅是有节奏的语气词,构成在仪式中营造欢庆氛围或者紧迫感的声音对应物。让我们设想一场相对普遍的原始仪式,一边是一切人随性跳起的神秘舞蹈构成了仪式的内容,另一边是某些人,他们很有可能是负责主持仪式的酋长或在仪式中起到重要作用的祭司,通过发出高昂或低沉的神秘声音成为了仪式的表达。但是,由于声音和符号都没有音素或语素才能赋予的结构性，表达就不能被看作内容的形式，内容也不是表达的实体，表达和内容都有自己特有的形式，并在特定的仪式中达成了一种自由联合。因此，为了理解仪式中正在发生什么，眼睛就必须以在场的方式组合严格上彼此分离的肉体图像和语音，从两者简单的共存之中抽取出一种动态而偶然的意义，因为仪式的内容和形式通常是要根据参与仪式的人的身份和数量、举行仪式的时间和地点、举行仪式的目的等多重因素决定的，是不可被形式化的鲜活内容，而基于具体语言系统的确定仪式规则、文本和意义在此时尚未存在。声音、符号和眼睛，辖域机器表象的三项组成要素相互独立，彼此共振，互相作用，而眼睛从声音与图像的不对等关系之间抽取出来的就是铭刻行为的无条件性和初始性。

因此，原始辖域机器的表象中所呈现出来的残酷的系统不能被看作基于交换行为所作出的对债务的偿还。因为债务现在还不是需要被偿还的，而只是需要被弥补的，并且只能通过为了在属于集体的肉体之上施加铭刻所做的铭刻行为之中制造的痛苦和从之得到的乐趣来弥补，而且确定了债务人和债权人之间的确定关系。同样，残酷的系统不能被看作是一种惩罚或者复仇，而仅仅是一种处于原始辖域机器中基于亲族关系和联姻关系形成的反生产的特定编码形式对生产的压抑而必然导向的，更大的集体对个人的接纳。尽管这种接纳必须以将个体铭刻为债权人的痛苦过程为前提。作为经济交换的债务形式、恐怖的复仇、道德亏欠，这些概念尚未存在，有的仅仅是一种无辜的残忍和对集体关系的渴望。

并非是因为每个人都事先被怀疑要成为一个坏的债务

人(mauvais débiteur);反过来说才更接近真相。坏债务人应该被理解为,他们身上的印记似乎没有"产生"足够的效果,就好像他并未(était)或未曾(avait été)被标记过一样。(AO 191)

辖域机器的表象

原始辖域社会机器呈现出来的表象应被理解为:在原始社会中,欲望生产基于某种源自内部的压抑模式,通过在作为社会体的大地的充盈的身体之上留下铭刻,得以对自由未规定的欲望之流完成某种方式的固定和编码展现出来的社会形式。就社会关系而言,这种表象关涉到通过联姻关系所完成的两个异质亲族序列的连接构建的庞大社会群体。就存在状态而言,这种表象意味着欲望的对象不再是按照强度被感知的部分客体,作为整全个体的个人获得了明确的家庭身份。就对原始欲望之流进行压迫和编码的方式来讲,欲望之流无论是处于完全解码毫无束缚的自由状态,还是被束缚在亲族关系内部中,都不利于欲望机器的持续运转。就社会关系具体建立起来的方式而言,这种表象涉及到与耗费有关的原始债务概念。

从表象行为与欲望的压抑或被压抑的角度出发,辖域机器的表象有三个组成部分:

与部分客体进行连接的强度性的欲望,未被编码的自由的欲望之流,一切表象得以构成的条件。这被称作**欲望被压抑的代表**(le représentant refoulé/the repressed representative);

被表象化、编码化了的欲望之流,在辖域机器中,呈现为外展了强度化的亲族关系的联姻关系和确定的身份。这被称为**压

抑的表象(le représentation refoulante/the repressing representation);

得到确定的家庭关系带来的乱伦禁忌,或者更明确地说,即是俄狄浦斯情结。这被称为**被移置的被表象物**(le représenté déplacé/the displaced represented)。

这种复杂的三元关系取代了"直接禁止那被禁止之物"或"直接压抑那被压抑之物"这种简单直接的二元关系。德勒兹和加塔利用一段话简单总结了其中的三项分别意味着什么:

> 简单来讲,我们在这里发现的并非是可以被总结为"对被禁止之物的明确禁止"这样一种由两个项构成的系统。我们发现的是一个由三个项构成的系统,这使得前述的总结不再合法。我们应该区分:压抑的表象,它行使压抑;被压抑的代表,压抑被施行于其上;被移置的被表象物,它从被压抑之物那里制造了一个被伪造出来的显露的图像(une image apparente truquée),而欲望理应被这图像所捕获。(AO 136-137)

简单来讲,欲望被压抑的代表意味着"真正被压抑的东西",与被移植的被表象物意味着的"人们以为被压抑的东西"构成对立,而"进行压抑的手段和方式"则是压抑的表象。在辖域机器当中,被压抑的代表意味着未被编码的欲望之流并未进入表象的领域,但使得表象的确定形式得以可能。压抑的表象,顾名思义,指属于原始社会辖域机器的表象形式,这种表象是通过对始源欲望进行压抑得以呈现的。有趣的地方在于,根据欲望生产的差异性、自动性和过程性,起源和目的也就是产物和生产过程是不能被混淆的,也就是说,尽管强度性的亲族关系构成了确定身份的潜在条件,但是作为表象的联姻关系不能在强度性的亲族关系中找到严格对应物。表象的再次呈现相对于生产的呈现是外在的。只有从表象的角度回溯性地为欲望生产制定一个规则的时候,俄狄浦斯情结才能作为一个先在的规则被构建为被表象物,但这种被表象物是被移置的,它出现在了本不该出现的位置,并且掩盖了表象的真正条件,即欲望的代表,因为反生产对生产过程的逆推将结果指定为自身的原因。正是因为反生产在试图篡夺生产的生产性地位时,将动态的机器简化成了静态的结构,乱伦禁忌才能通过任意的抽象成为所有家族关系的本质,而这个抽象结构忽略了差异性生产直接不可逆的本质。"正是这种通过从压抑直接走向被压抑者,从禁止直接走向被禁止物得出的结论,已经暗含了社会压抑的整个谬误推理。"(AO 191)

野蛮人

野蛮专制机器

当原始社会不再以结成地方性的灵活动态联盟制约内部囤积的封闭倾向的时候,社会就从原始社会进入到了国家(État)或帝国(empire)。在国家之中,联盟不再主要通过两方自发结成的地域性的双边关系建立,而是民众在国家统治形式下与统治者形成的单边联盟,于是,所有区域性社群都从属于国家,并首先服从于国家的利益;单个社会关系群体内部的生产过剩不再通过原始社会中的耗费形式得到缓解,国家要求各地区通过朝贡及纳税等形式将各地区的剩余生产和剩余劳动转化为剩余价值吸纳到专制机器之中,从而防止资源堆积对物质生产过程和广义上的欲望生产造成的抑制。在以国家为代表的野蛮专制机器中,亲族关系和联盟关系之间的互动模式关系发生了深刻转变:各地区和社会群体在国家等级化的绝对统治之下构成了附属型和集权型的新式联盟(new alliance/alliance nouvelle),而国王或者暴君为了使自己的统治地位合法化,宣称自己是神明的后裔,用神的旨意为自己的言行正名,从而将自己置入与神相通的直接亲族关系(direct filiation/filiation directe)当中。新式联盟关系就完全依附于直接的亲族关系。

实际上,国家形式并没有完全破坏原始社会的社会关系,建立的统治模式因此也并非与之前截然不同。相反,统治者保留了原始联盟的在地性,允许他们继续在原有的土地上生存和生产。只是现在,权力作为一种外部的统合性和规范性力量,象征着国家统治下的诸多联盟单位必须服从的绝对同一性。狩猎者、耕种者和收集者,尽管他们依旧依赖大自然的馈赠,从中获取维系生存的一切资源,但他们实际上已经脱离了那种与自然和谐统一、相融无间的紧密情感联系。他们被置于一种肃穆的命令和统治的氛围中。在原始社会,自然以及从自然中衍生出的社会关系构成了他们的一切,除了社会关系和对自然的聆听与服从,他们别无所求。原始仪式的方式好似在恳求大自然,或与自然嬉戏:大地既是滋养人类的母亲,又是一个性情不定的朋友。然而,进入国家阶段后,人类与自然之间的首要关系被国家内部的关系取而代之。国王作为统一的领导者,要求人们的无条件服从。此时,与自然的关系不再带来先前的满足感,而是被任务感所取代。原来可以由部落通过类似于耗费的方式自由处置的剩余生产物如今被强制收归国库;他们赖以生存的土地也不再属于自己,在成为具有温度与性情的农田和牧场之前,这片土地首先是国家的冰冷领地,人们只是借用疆域进行生产。此外,地域性联盟铭刻于大地的方式,也就是与自然交往和关联的多样形式,如今被统治者颁布的法令所覆写;而原始社会中编码欲望之流的多样性,也被国家那种统一的编码形式所取代。

这种社会模式与马克思所说的亚细亚生产方式十分相近。在《政治经济学批判》的导言中,马克思尝试性地辨认出了这种过渡性的生产方式。之所以他将这种生产方式称为亚细亚式的,是因为他认为这种方式独有于东方历史,曾在俄国、印度、中国等亚洲国家出现。亚细亚生产模式的特点包括:私有制尚未存在,并且土地和财产均为公有,因此构成生产单位的社群或公社不是土地的拥有者,而只是占有者和劳动者;农村公社构成了国家的基础,国家仅通过统治对社群进行管理并且收税,赋予了地方生产一定程度的自主性,但这种自主性仍然以服从国家对生产和土地的垄断为前提。德勒兹和加塔利多次提到马克思对亚细亚生产方式的定义,并且用亚细亚生产方式来描述他们口中的国家形式或者专制机器:

> 国家更高的统一性建立在原始农村公社的基础之上,虽然公社在形式上保留了对土地的所有权,但国家却因其与一种表面的客观运动相符,成为真正所有者,这种运动将剩余产品归因于国家,生产力被分配到其主导的大型项目中,并使得国家看起来成为集体占有条件的根本原因。(AO 229-230)

德勒兹和加塔利在这里援引马克思对亚细亚生产方式的论

述，主要是为了总结出国家形式的两个决定性特征：第一，因为国家形式实质上保留了原始社会中的形成的动态决定式的、不稳定的地方性社群形式，只是通过权力统治代表的形式统一性在更高层面对这些社群的运作方式进行了整合而没有加以完全的充足，因此在专制机器形式和原始辖域机器之间存在着一种连续性。统治者代表的管理和统治的功能就好像是顺应着社会发展的需要诞生的，在这种视角下，国家成了区域性社群的自然延伸和发展。第二，尽管两者之间存在着这种连续性，但由于在国家形式中出现的统治阶层带来的绝对统一性，原始社群不再通过灵活的联盟形式与休戚相关的大地之间保有内在性关系，而是多个不同的社群一致地听从一个外在的最高权威，这使得国家在对原始欲望之流的管控上发生了决定性的转变。专制机器施加铭刻的社会体不再是自然的原始大地，而是暴君的身体、统治者的身体，因为在国家中发生的一切事情都与统治者相关，与充满着偶然和欣喜的、万物有灵的大地相比，这是一片贫瘠恶劣难以忍受的沙漠。国家机器改变了原始社会敞开的人与自然动态共生的辖域关系，而是通过一种解辖域化把所有带有局部特性的决定都转变为统治者普遍的考量。

原型国家

然而，我们要如何理解原始辖域机器和国家专制机器之间的这种所谓连续性呢？我们是否可以认为，辖域机器中形成的原始社群为国家专制机器的出现奠定了基础这种目的论的解读是可以接受的？至少可以明确的一点是，辖域机器在对欲望之流进行铭刻和编码的时候已经预见了国家形式的出现，因为只要存在着欲望生产的连接性综合，就有生产资料无限制累积的可能性,就有某一特定社群凭借自己占用多余的生产物资并从这种剩余物资的积累抽取剩余价值促进实力不断增长的危险,在其中,就会有偏执狂出现的危险,而辖域机器通过采取一种不甚明智的浪费行为,强制削弱资源的无限累积,阻止经济的剩余价值的出现导致的向垄断和权力的转化,迫使各社会群体进入被生存危机驱动着的合作之中。原始社会的债务形式如下:先通过耗费制造亏欠和义务的形式,再为亏欠寻找债务人,而因为在此投入的生产仅仅为了满足族人的生存要求,不会超出实用的限度,所以这种债务是有限的,可被偿还的。而与之相对,对于任何生活在国家之内的人,无论他隶属于哪个地方社群、从事何种生产,只要享受统治者的恩惠与保护,就必须定期向国家缴纳税赋和贡品。这种剩余价值的持续疏导使债务变得无穷无尽,公民对国家的债务永远无法清偿,构成了一种无限负债的状态。因此,原始社会的有限债务形式同时是对国家形式的无限债务形式的预见和抵御。

然而,认为辖域机器预见到了专制机器的出现,和认为辖域机器决定了专制机器的出现或是为专制机器的出现铺平了道路,这是完全两回事。在原始社会中,专制机器的封闭垄断形式不过是一种潜在的可能性,是辖域机器在协调生产和反生产的关系的时候出现的一个内部极限,是耗费没有成功促进再生产的可怕后果。而国家的出现则是现实或真实历史的断裂,我们无法将潜在性和现实性草草地等同起来。国家或者帝国的形成总是取决于特定的外部因素,尼采称之为"金发野兽"的那些帝国建立者必须要作为真实的历史人物出现,才能在历史上标识出帝国和国家形式的建立。这样一方面,"原始系统的消亡总是来自外部;历史是偶然性和相遇的历史",因为原始社会到国家的转变总是一个突变,它们有着完全相异的本质,人们甚至无法想象辖域机器要如何逐步转化为国家构型;另一方面,"这种来自外部的消亡又是从内部升起的:联盟与家系之间普遍的不可化约性、联盟群体的独立性和这些群体作为引导性元素促使政治关系和经济关系建立起来的方式、原始身份等级系统以及剩余价值的机制,这些都已经预示了专制形式和社会等级制的到来。"(AO 231)外部性与内部性的不可分离决定了原始社会与专制形式之间的重叠。

原始制度对专制制度的预见同样说明了,国家不是一个渐进性的政治或经济发展过程的结果,它所有的关键要素,例如集中统治权力对分散联盟的管理、国家形式对剩余价值的征用和吸纳、死亡惩罚和强制征税等等,都早就已经作为一个完整的蓝图的各个不可分割的部分,暗含在最原始的社会形态之中等待实现。在德勒兹和加塔利看来,这是我们不能用目的论的观点片面地将原始社会看作国家形式的准备的又一例证。在《千高原》中,他们进一步发展了有关国家形式的论述,通过将国家机器的几个基本特征总结为命题的形式加以讨论。他们的基本观点是,国家不是历史发展上某一种确定的形式,而是作为一个必然的可能性存在于所有现实形式之中,这些现实形式与国家的特征处于多样的关系之中。在《反俄狄浦斯》中,不仅是原始构型(AO 223-224),就连近世更加"文明化"的社会形式,比如民主制、法西斯主义和社会主义,都被表述为被国家形式代表的野蛮构型像鬼魂一样萦绕着(AO 311)。《千高原》对这种关系的表达更加简明扼要直至要害了:原始公社从来就不是自足的,总是与国家并存于一种复杂的网络之中,而现代的社会形式,包括资本主义社会在内,也不过是国家可能呈现出的多重样态;并非所有的一切都与国家相关,但这恰恰是因为国家始终存在、到处存在。① 如果我们将关注点聚焦于原始社会与国家形式之间的关系,那么我们可以说,之所以国家能够"捕获"原始构型通过铭刻在大地上生产出来的分散的诸社会群,是因为国家所代表的权力、债务和意义的集中和统一正是原始构型早就在社会发展的内在趋势中预见到并试图通过分散和局部联合加以暂时抵御的,原始公社对那"尚未存在之物的'预感'(pressentiment)这个观念以一种明确的意义,必须证明那尚未存在之物已经在发生作用了,只不过这种作用的形式不同于其实现的形式"②,本质上是因为无论是原始辖域机器、野蛮专制机器,还是我们在此处尚未谈到的文明化资本主义机器,本质上都是以不同形式的反生产对欲望的自由生产之流进行的压迫。作为压迫和控制的理想化模式,国家已经一直在那里了。

国家无处不在、始终存在并且在一切社会形式中都以不同的方式存在着,这恰恰说明了,国家机器或者野蛮构型作为一个独立的现实从未存在过;现实政治形式要么像原始社会一样,在自己的发展可能性中已经预见了国家,要么像更高级的文明一样,总是已经是国家的某种复杂形式。国家的抽象概念只是一种象征了绝对统一性和秩序分明的社会等级的模型,一种简约又高效、暴力且直接地管理人口、政治、经济和文化等社会多方

---

① 吉尔·德勒兹、费利克斯·加塔利:《资本主义与精神分裂(卷2):千高原》,姜宇辉译,上海人民出版社,2023年,第402—432页。
② 吉尔·德勒兹、费利克斯·加塔利:《资本主义与精神分裂(卷2):千高原》,姜宇辉译,上海人民出版社,2023年,第404页。

面的统治理念,仅仅追求形式上的绝对同一和对秩序的绝对服从,却没有将任何现实问题和历史状况纳入自己的考量。国家的这种理想模式被称为原始国家或原型国家(Urstaat)。这正是德勒兹和加塔利援引马克思对亚细亚生产方式的另一个原因。不同于在《〈政治经济学批判〉导言》中首次提到的在亚细亚的、古代的、封建的现代资产阶级这四种生产方式之间进行的划分,马克思主义成熟的社会五阶段论中将按照直线发展的五种社会形态包括了原始社会、奴隶社会、封建社会、资本主义社会、社会主义社会或者共产主义社会[德勒兹和加塔利将这五种社会形态分别称为原始共产主义、古代城市-国家、封建主义、资本主义和社会主义(AO 259)]。由于马克思在之后逐步抛弃了这个概念,因此在马克思主义理论的社会发展史那里,这个后来被弃用的概念不占据任何真正的位置,只是一种基于不完善的观察和思考得出的理想状态。在现实中并没有纯粹的国家或帝国,亚细亚生产方式或者原型国家"既不是多种社会构型之中的一种,也不是从一种构型到另一种构型的过渡",只不过是"被加之于且叠加在社会的物质性演变之上的头脑中构建的理念性,将许多部分和流组织成一个整体的规范性理念或反思原则(恐怖)"(AO 259)。回到文本,我们会发现,德勒兹和加塔利在这里为国家形式提供的例子:耶稣和圣保罗、摩西和耶和华的旨意,乃至上帝为亚伯拉罕许诺的国,都不是现实中曾经存在的国家,然而正是它们的理念性最好地表达了统治的精髓。原型国家不过是一个神话,但却是一个潜伏于内部并且源源不断地施加着影响的神话,因为没有一种社会形态在其中找不到国家代表的那种统一性和专制性的痕迹,既代表了吸纳和内化,又代表了整合和统一。

乱伦与禁忌、法律与僭越、书写与阐释

现在,让我们深入探讨野蛮专制机器的内部,仔细分析其独特特征。

亲族关系与联盟关系之间的新结构,即新式联盟对直接亲族关系的从属,重新定义了乱伦禁忌在专制机器中的表现形式。在原始辖域机器中,乱伦被禁止的原因在于强度性的亲族关系自然带来的内部封闭会限制欲望机器的流畅运作,导致人类社会的原始辖域无法形成;通过联姻或联盟关系,亲族关系得以外延化,从而推动社会生产过程的更新和社会形式的初步建立。家庭身份和关系的确认与区分,正是基于对社会生产过程的整体考量才得以实现的。然而,在国家或帝国形式的专制统治中,由于联盟中的每个人最终都需服从统治者的意志,统治者成为了国家中所有公民的"父亲",而同时,统治者因为与神明处于直接的亲族关系之中,被绝对地赋予了进行统治和管理的权力。各个联盟之间的多变且任意的水平联系被神—统治者—臣民这一条垂直的亲族关系在属于联盟松散自由构成的平面外部统一地规定了;容贯性平面被规定附属于一个外部的点。

两种乱伦形式——与姐妹的乱伦和与母亲的乱伦在这里得到了区分。尽管在历史上存在诸多皇室内部近亲结婚的事例,这里提到的乱伦现象起到的更多是象征作用。在专制机器中,乱伦仅仅在统治者那里才被允许,在王室乱伦和一般的乱伦行为之间存在一道明确的界限,而且正是通过允许王室乱伦,普遍的乱伦行为才被禁止。[①] 统治者被标识成国家中的例外状态。

---

① "乱伦的禁止必须同时为某些人规定乱伦。"(AO 237)

实际上，在辖域机器的分析中，乱伦的两种形式也不是同时被禁止的，尽管都涉及到亲族关系和联姻关系的根本性差异。与母亲的乱伦禁忌出现的原因是在亲族关系从强度性状态被外展的过程中以起到神秘作用的胎盘为中介的始源结合神话破灭了；而与姐妹的乱伦禁忌出现的原因则可以被看作始源神话破灭的一个结果，即一方面双胞胎的结合神话走向了终结，另一方面联姻关系带来的家庭身份的质性化确定使得儿子与舅舅的身份被区分开。然而对于国家君王或帝国统治者来说，他既能与自己的姐妹结婚，从而体现自己外在于部落的身份，将双边的联盟关系转换为单边的；又能与自己的母亲结婚，以此方式重新回到部落内部，将被外延的亲族关系转变为直接亲族关系。因此，我们不该问王族乱伦是不是事实，而是应该问统治者是否真的有这种至高无上的权力。统治者目中无人，恣意妄为，只有他能够随心所欲做有悖伦常的事情，这表示了他的特权地位，而且表明婚姻所象征的权力交换只能在王族内部运作，以此表明统治者和其统治的民众之间有云泥之别。

王室乱伦起到了超编码（supercode/surcode）的作用，对地方社群的局部编码形式进行统一。超编码的超（sur）所意味的就是编码原本的多样形式之上再覆盖上去的一层中心统一性形式，原有社会自主多样的地方标准被统一的标准取代。秦始皇的统治就是典型的超编码形式，对度量衡、文字和思想进行了大一统。为了进行超编码，国家就必须打散原有分散着的辖域机器中的编码形式，削弱社会形式在原始社会中与大地之间的紧密关联，并用国家或君主的绝对领导权代表的内部同形性加以整理，最终导致了原始辖域的解辖域化。尽管区域性的生产首先听从的是社群的自主性，但这些自主性最终通过纳税和上贡的形式服务于国家和统治者的唯一利益：通过一种炫耀式的和戏剧式的方式，王族乱伦展现了统治者肆无忌惮的猖狂，又从反向设立榜样禁止了民众中的乱伦行为，最终压迫的是底层劳动者的欲望自由流动。对于民众来说，乱伦同样是一种象征，意味着他们没有把精力放在为国家的繁荣稳定做贡献上，而是把欲望花费在一些让人不齿的肮脏之事上。他们没有通过努力生产来保障国家五谷丰登、衣食无忧，没有通过缴纳税金来确保富国强兵，更没有服从禁止乱伦的法律使得国家秩序井然，尽管从统治者的角度来讲，这些都是为了他个人雍容华贵的生活和轻松不费力的统治。乱伦代表的欲望不受约束的自由流动在统治者眼中象征着拒绝服从，象征着潜在的叛变可能，因此统治者要通过立法、官僚系统、财政、税收、国家垄断、帝国司法、行政事务和编纂史书等方式将人们的行为和思想束缚在繁重的劳动和无限的债务义务之中，剥夺民众思考的能力和自由生活的机会，给人们留下的只有"如何服从"的自由，却没有"服从与否"的自由。对乱伦的禁忌最清晰地表现了帝国统治的虚伪性和强制性。表面上是为了维系帝国的安全稳定，实际上是为了巩固帝国的残暴统治，清除一切安全隐患，统治者要控制甚至抹除一切拒绝服从、难以管理的民众。从这个角度看，被统治的民众定时提交的并不仅仅是财产形式的保护费，而是为生存本身缴纳赎金。国家实际上内化了通过建立内部稳定秩序宣称抵御了的外部生存威胁，并且通过一系列手段管控了民众的生命。

现在，恐怖的系统取代了残忍的系统成为野蛮专制机器的运作模式。从表面上看，国家不再热衷于铭刻身体这种肉体性的刑罚，似乎显得更加人性化和文明化，然而，对惩罚的恐惧实则被内化进臣民对统治者的绝对服从这种单边关系之中，但凡民众表现出一丝反抗和叛变的可能,统治者就有权根据国家的法律以及自身的意志降下最严重的惩罚:死刑。这种惩罚方式取代了辖域机器中可协商的、有限的、相对性的惩罚,变得绝对且无限,成为统治者对任何一种实际上不足挂齿的对威权的挑衅行为的最恶毒的复仇形式。在司法形式、政治形式和经济形式共同组成的统治网络之下,臣民的行为完全附属(subordination)于统治者的意志,随着惩罚由适度的感情宣泄转为夺取生命的极端化,由在场的仪式转变为对即将来临的死亡威胁,恐怖成为了野蛮专制机器统治的内置条件,而铭刻行为开始由怨恨(resentment/ressentiment)主导。

新式联盟对直接亲族关系的绝对附属,也即被统治的民众对进行统治的国王或暴君的绝对服从,不仅使得在国家形式之中社会体的性质由大地充盈的身体转变为其权力覆盖且渗透了国家一切角落的暴君的身体,也同样导致了在对欲望的自由之流进行规定的过程中,也即在特殊形式的机器对社会体的铭刻行为的过程中,各组成部分之间关系的转变。对于民众来说,重要的不再是在实际的生存行为、劳动行为和仪式中与难以预测的自然共同演化出一种难以普遍化的生存模式,而是在服从的绝对命令性中参透那唯一统治者的隐秘意图:什么行为才能讨好他,或者至少不至于让他迁怒于我?声音和图像之间的相互独立与自由联合不复存在,两者现在都只是为了在国家广阔的疆域内以一种中立且恒定的模式无干扰地传播君王的旨意:文字和书写出现了。与此相对的是,声音变成了文字的语音形式,图像变成了文字的书面形式,眼睛不再从两者不对等的嬉戏中抽取出差异和剩余,而是确证他们之间存在的一致性;眼睛开始阅读。而图像对声音的附属同样关联到能指与所指之间的关系，只不过严格来讲，这里不存在能指，因为在君王的旨意从皇宫经由一群大臣、祭司和释经者传播到社会的各个角落的过程中，由文字写成的每一条圣旨全都要服从书吏的阐释之声，而这些多变的声音最终又全都指向君王的声音；单独的能指并没有确定的所指，而只是数量繁多的能指营造出来的一种效果，在此处，声音所指只是象征着权力的"姐妹和母亲"（AO 248）；而不能被固定下来的诸能指实际上指向的是一个大能指或主人能指，并且正是在这个主人能指的影响下，诸能指在一条能指链上滑动。不仅文字要服从于声音，甚至多种声音都要服从那最高的唯一的声音，这种符号系统的改变最终导致的结果是，人们可以在对文字那病态的阐释和癔症性的猜想中神话了统治者的声音和意图，以至于最终重要的不是统治者真正说了什么，而是他高处于万民之上的地位和掌握生杀大权的权力使得无论他说什么都有绝对的效力。统治者的声音被象征化和神秘化了，这个象征着权能的声音失去了声音的内容，变成了虚构的抽象形式，这个"来自至高无上之处，来自彼世的无声之声"，"只能通过它发出的书写符号（启示）来表达自己"，并且使得自己"被书写所取代"。（AO 242 - 243）这与拉康对结构主义语言学的重新阐释十分一致。

两位作者在这里饶有趣味地提到了德里达。在这里被提及的"作为一切语言起源之前提"的书写形式显然是德里达所说的原书写（arche-écriture）。在德里达那里，原书写指在代表着书写和声音被置入等级关系的"语音中心主义"之前，两者尚未分开的原始铭刻形式。德勒兹和加塔利同意德里达的基本判断，即在原书写和确切的语言形式之间存在着根本的差异，且原书写代表了书写和声音之间浑然不分的自由联合，语言形式代表了书写对语音形式的附属,并且回溯预设了一个鲜活的在场声音。但在他们看来,原书写的理论无法明确区分原始铭刻和野蛮书写之间的重要区别,因为德里达似乎把原书写当成一个压抑尚未存在的本真性领域,好像只有随着作为增补的书写行为到来,压抑才是有可能的。然而实际上,就算在德里达认为的无辜的原书写阶段,辖域社会仍然通过图像和声音之间不对等的关系以及图像、声音和眼睛之间的魔法三角结构完成了对欲望的压迫。"在以一种神秘的方式把书写和乱伦联系起来这一点上,他同样是正确的。然而,我们并未在这种联系中发现任何能够支持以下结论的依据:存在一种恒定的心理压抑机制,这种机制既能通过图像机器的方式运作,又能以象形文字和音素的方式实现。"(AO 240)或者我们可以说,那种在德里达看来至少要在象形文字阶段才出现的书写的暴力,在德勒兹和加塔利这里,早在与原书写对应的原始辖域机器中,就已经通过铭刻隐秘地起作用了。

在《千高原》中,德勒兹和加塔利将野蛮专制机器的符号模式称为能指的符号学。作为能指的符号的最大特点就是,一个符号指向且仅指向另一个符号,直至无穷,这种处于相对较高解域状态的符号与其他符号处于一种冗余关系之中,使得意义在被无限的指向运动所延宕以外就无法被探清。因此,这种符号是无力的,但是在主人能指下构成的能指链又使得这种符号变得有力起来,因为阐释的狂热最终掩盖了阐释的无力。此外,能指不仅处于冗余关系之中,它为了自身的灵活运动还在制造更多的能指,复制出更多的冗余状态,因此是能指使得自身的能指状态得以可能。归根结底,能指的冗余最终被归因到一种占据统治地位的表达实体,正是这种表达实体的神秘性使得能指所对应的意义不能被完全确定,并且总是在进一步的阐释和猜疑的循环中,在符号的解域过程中进一步加深这种神秘性。[①] 在这里,被称为神-专制君主的面孔或颜貌的表达实体实际上就是无声之声,"当解释重新将能指归于其实体之时,是面孔赋予能指以实体,是面孔引发了解释,是面孔在发生变化,在改变着特征",而解释实际上就是在面具之下发现多重面具的过程,在无声之声背后寻得多重声音的过程,"面具没有掩藏面孔,他就是面孔。祭司和神父操控着神的面孔。在专制君主身上,一切都是公开的,而之所以如此,恰恰是通过面孔。谎言,欺骗,这些构成了能指机制的根本性的部分。"[②] 同时,前-能指的符号学就是原始辖域社会的符号模式,内容的表达形式与语音的表达形式处于一直并存的关系之中,不能通过两者的联合完成对表达实体的还原。

然而,就算是在国家机器对欲望进行的看似毫无死角的压抑之中,始终存在着某些未被成功整合的欲望之流,因为尽管专制机器将恐怖内化为了生存的无限债务,却并未将恐怖内化到欲望之流内部,它所进行的仍然是某种外在于欲望的管控。必然有某些欲望通过自由流动的方式逃离专制机器的超编码,必然有某些欲望机器构成的器官没有成功被整合到暴君的充盈肉体之中,统治者不惜一切代价试图用死亡的恐怖压制的现象终究还是从无孔不入的统治的边缘溢出来了。德勒兹和加塔利将其称为一个脱离的肛门(l'anus destitué),用来描述脱离了社会

[①] 吉尔·德勒兹、费利克斯·加塔利:《资本主义与精神分裂(卷2):千高原》,姜宇辉译,上海人民出版社,2023年,第101—104页。

[②] 吉尔·德勒兹、费利克斯·加塔利:《资本主义与精神分裂(卷2):千高原》,姜宇辉译,上海人民出版社,2023年,第104页。

场域辖制的人的再度私人化通过最意想不到的形式（肮脏的排泄物）对严密的国家统治带来的耻辱和危险（同时我们也可以想到，精神分析将对金钱的追求和粪便联系起来），这是国家统治鞭长莫及的内在极限："整部关于原始编码、专制超编码以及现代私人化人类解码的历史，都包含在这些流的运动之中：强度性的源生内涌流（l'influx germinal intense），王室乱伦的外溢流（le surflux de l'incest royale）和排泄物的回流（reflux），这些流将死去的专制君主带向茅房，带领我们所有人走向今天的'私人化人类'。"(AO 250)这使得国家形式在密不透风的统治网络的完美形象之下走向了自己的崩溃。我们可以将这种不可化约的内在倾向大致等同于《千高原》中提及的反-能指的符号学。尽管国家形式是在吸纳并重新整合多个区域性联盟的方式得以可能的，帝国对这些本质上的游牧民族的捕获总是不能完全成功的，在帝国的专制逃逸线（可以简单理解为超编码为了对原有辖域机器的编码进行重组而进行的解辖域化的产物）内部，总是会存在着一种反抗庞大帝国的废黜之线（ligne d'abolition），要么穿透并且摧毁了帝国，要么与帝国共存。不管怎样，只要游牧民族的战争机器以并未被完全捕获的方式在国家机器的内部制造动乱，松动超编码的能指的绝对统治，就存在着两人所说的反-能指符号学（contre-signifiant）。

专制机器的这一不稳定性正是它作为原始辖域机器和资本主义机器之间的调解或者过渡的原因。作为对原始辖域机器的进一步发展，无论从超编码提取出来的解辖域化的欲望之流，还是从残忍的系统到恐怖的系统的这一转向代表的压抑形式的不断内化来看，野蛮专制机器都"预感"了资本主义机器的到来。

野蛮表象或帝国表象

与原始辖域机器相比,在野蛮表象或者帝国表象当中同样存在着代表对欲望之流进行压抑的社会形式的三个部分,但是它们各自的角色和互相之间的关系发生了变化。

未被编码的自由的欲望之流,或者更准确地说,是逃离了编码的欲望之流,呈现为对国家法律的漠视,以及对国家权力的抵抗、不服从和叛变等形式。这仍旧是**被压抑的代表**。

乱伦,更准确地说是独属于统治者的权力模式的王室乱伦。它通过树立一个无法被模仿的例外状态构成了对被统治的民众的警诫。这是**压抑的表象**。

与王室乱伦相对的在民众中确实有可能发生的乱伦行为,或者说是广义的乱伦概念。现在,这是**被移置的被表象物**。

在野蛮专制机器的表象中,三者之间的关系已经十分清楚了。专制统治最直接最重要的目标是通过管理生产和剩余价值对自由欲望之流进行管控,并通过恐怖的系统对任何有可能对国家统治造成威胁的不受管制的欲望进行惩罚。王室乱伦是统治者管控欲望的象征形式,通过将乱伦象征性地控制在皇族家系之中,欲望的自由流动被展示为特权行为,禁止普通人效仿,由此成为对欲望进行压抑的表象。而尽管普遍的乱伦已经以概念性的方式提出来了,但是这并不是国家想要管控的直接对象,而仅仅是一个王室乱伦虚幻的影像。因此,乱伦只是作为被移置的被表象物出现在表象系统之中。

尽管与辖域机器通过区域性联盟的自发建立对自由欲望流动的压制相比,专制机器是通过统治者在国家范围内施加的统一性的统治权力完成对任何逸出社会系统的欲望之流的制约的,但是从本质上看来,国家形式规定任何社群中产生的剩余价值必须被统一归于国家来不断促进发展。因此,对乱伦行为的抑制仍然不是出于对与社会场域分离的原子家庭的伦理道德考量,而是直接出于社会生产的需要。因为社会尚未与家庭分离,严格意义上的俄狄浦斯情结仍尚未出现。

文明人

文明化资本机器

与此前讨论的两种社会机器相比,德勒兹和加塔利对"文明化资本机器"的探讨无疑更加全面且具体。一方面,这是因为马克思在《资本论》中对资本主义进行的深刻批判性分析为他们提供了丰富且坚实的理论资源;另一方面,在当时的法国,五月风暴的余波尚未平息,社会运动所揭示的资本主义弊病,与正如火如荼发展的前沿理论批判,构成了对资本主义进行反思的肥沃土壤。当然,最关键的原因莫过于两位作者认为,俄狄浦斯情结不仅是资本主义时代的标志性宗教,更是其代表性的精神疾病。在这样的语境下,精神分裂分析不仅是对俄狄浦斯情结的颠覆,同时也是对资本主义的全面反击。因此,在这场批判自诩为"人类高度文明"的社会形式——资本主义的重头戏中,从多个角度对资本主义的政治、经济和思想模式展开不遗余力且毫不留情的总攻,无疑是最具针对性的选择。资本主义对经济发展的一味痴迷所带来的人类社会的负面影响,所谓"自由"这一弥天大谎背后隐藏的愚蠢与专制,以及精神分析与资本主义的暗中合谋对人类思想的侵蚀,都将在这几节幽默而又充满讽刺的理论檄文中被毫无保留地揭示出来。

不过,正如之前提到的那样,文明化资本机器与野蛮专制机器并非截然不同的两种构型。毋宁说,专制机器通过超编码行为所产生的解码流,已经预示了资本主义的出现,而资本主义机器依然保留了国家形式,并利用国家的专制统治来推动资本主义的发展。野蛮专制机器与文明化资本机器,只是社会发展连续体上两种极具特征的分化形式。然而,这并不意味着两者之间不存在本质差异:资本主义的出现象征着社会关注的重心从政治转向了经济,原型国家所代表的理想政治统治形式,现在完全服从于经济发展的唯一目标。那么,我们是否应该认为,在从原始社会一路高歌迈向资本主义社会的"进步"历史中,所谓最高级的文明形式实际上揭示了人类欲望所导致的无可挽回的毁灭?我们是否应该毫不畏缩地说出反进步主义的论调,把人类文明视为世界的毒瘤,进而毫不犹豫地认为应该怀着思乡和怀古之情义无反顾地回到原始社会?恰恰相反,从欲望生产和精神分裂分析的视角来看,资本主义的问题不在于它做得太过火,而在于它做得远远不够。资本主义所许诺的平等与自由不过是谎言,其表象之下掩藏的正是它的虚伪与懦弱。解域之流那本应奔涌而出的强力,被资本主义狡猾地阻断和封锁了。

资本主义出现的充分条件

诚然,尽管存在着税收和货币等经济形式,专制国家根据其定义是应当不存在土地和财产的私有化的,然而在与原型国家相对应的多种现实国家形式之中(比如封建主义),私有化很早就出现了。这一方面是因为中心化集权对统治的巩固所要求的解码流为经济的发展奠定了基础,另一方面又是因为人、物和土地的私有化都可以被看作从国家森严的君臣父子体制等级和统治者通过贪婪地吸食所有剩余价值对欲望进行的压迫的逃离。总之，无论是在封建主义还是在罗马帝国之中，我们都能看到商业行为的雏形：商品的生产和交换、土地的私有化倾向、货币的出现等等。然而，由于在专制形式的社会机器之中，这些早就已经成为进行统治的手段，因此经济形式仍未独立出来，还在为政治统治服务。

流的解码是资本主义出现的必要条件，但必要条件并不必定导致资本主义形式。资本主义出现的充分条件是，流的普遍化解码（generalized decoding of flows/décodage généralisé des flux）。从理论的角度来看，这具体意味着解域之流（deterritorialized flows/flux déterritorialisés）之间形成的合取关系；从现实的角度来看，这具体意味着工业资本主义的出现。解码和解辖域化之间的区别，或者更根本地来说，编码和辖域化之间的区别，容易给读者带来困扰。两位作者自己也并未在书中以明确的方式说明它们之间的区别，而且在这部分的论述中，解码和解辖域化在某种程度上是混用的。总结地来说，编码更倾向于形式的固定，更加抽象，而辖域化侧重的是与形式相对的"内容"，即德勒兹和加塔利谈到的实体（substance）的固定，与编码相比会更加具体。用原始社会为例，编码在原始社会中是指生产关系和社会关系被固定下来的形式，而辖域化更偏向于强调生产过程和社会关系整体的领域呈现出来的样貌和范围；而在资本主义社会中，所谓解码之流指的是经济的发展使得欲望生产和具体的生产不再被原有的生产形式即连接形式约束，而解域之流指的是流的功能被从原有的领域剥离了，土地的解辖域化带来的劳动的解辖域化，最终导致世界范围内资本普遍的解辖域化。

首先来看工业资本主义的出现。在马克思看来,资本主义的发展主要经历了三个阶段:资本主义的萌芽时期、商业资本主义时期和工业资本主义时期。我们可以将资本主义的萌芽时期和商业资本主义时期笼统地看作德勒兹和加塔利所说的商人资本主义时期,因为此时资本的流动主要是由个体商人或进行商业垄断的国家主导的商业贸易行为实现的。虽然商业的发展是资本主义起源的历史前提,但由于商业过分依赖于原始的地方和民族的生产方式,只是基于资源不平衡和资源不对等通过对具有地区局限性的产品进行运输和贩卖赚取利润,所以资本的增殖仍然与并未完全解辖域化的传统生产模式重叠在一起,尚未获得自主性,因此具有一定的局限性。然而是工业资本的生产使得资本主义拥有了属于自己的生产方式,资本本身控制了生产,不需要与异于自身的传统生产方式进行协调和妥协,而是在生产和再生产过程中直接逐步扩大自身的利益。这样,代表相对固定资本的产品和代表相对自由资本的货币在由工业资本主义所代表的整个庞大且内部联通的生产过程中达成了联合,转变为工业资本的资本形式,并昭示了资本主义的出现。

因此我们可以看到,在商人资本主义阶段,由商人的贸易行为所代表的商人资本和由国家的公共税收所代表的金融资本处在一种十分松散的共存之中,然而工业资本主义的出现将两者吸纳为整体的有机组成部分,使得商人资本和金融资本都成为了资本自我增殖的特定功能和环节。同时,专制国家分别导致的劳动力的解辖域化和货币的解码在工业生产的自我增殖形式之中进入了合取关系,由于解辖域化和解码深刻改变了社会生产模式,原有的依山傍水而居的原始生产形式已经急剧减少,其至即将不复存在了,因此被解辖域化的劳动者的生产力被迫纳入资本主义的巨型机器中服从特定劳动分工,而资本家把榨取出来的劳动者的剩余价值投入新一轮的生产和再生产之中,实现资本永续不断的"自我"增殖。我们知道,马克思主义经济学所指的剩余价值正是工人通过劳动创造的价值与劳动所得的报酬之间的差距,因此合取关系同样体现在作为工资的货币与起到金融功能的货币,也就是交换货币和信用货币,商人资本主义和工业资本主义,或是表面的消费社会和深层的吸血社会之间的差距。资本主义生产方式从劳动力那里获取了具有增殖和扩大生产潜力的金融资本,却把只能在市场中进行消费和交换的,作为商人资本的工资形式作为报酬给予劳动者,这是一个"宇宙级别的诈骗,就好像让人以米或厘米为单位测量星系间的距离或是原子间的距离"(AO 273)。

经由资本的普遍解辖域化和解码,资本主义不将自己的发展嫁接与外在于自身的传统生产模式,而是通过将生产内化为资本自我增殖的方式将一切具体的生产转化为形式化的中介,此时,重要的不再是产品能够满足什么实际的社会需求或个人需求,而是资本确保任意需求都能够得到满足,甚至不惜创造需求,并从中赚取源源不断的利润。现在,资本的特征不再是使得物物交换得以可能的抽象劳动所代表的"量"(quantum),也不再是当货币作为一种购买和交换的普遍衡量标准时所代表的"定量"(quantitas),而是由劳动力和资本之间的差异性关系决定的、由资本内部运作的差异性运动导致的钱生钱的能力和趋势。

新式亲族关系和新式联盟关系

以上谈到的资本主义的特征在我们看来并没有什么值得稀

奇的,这归根结底不过是资本主义的大规模工业化生产通过剥削劳动者的剩余价值寻求自我发展的马克思主义基本解读罢了。只有在谈到亲族关系与联盟关系之间的结构、社会体的形式、统治的系统等等问题的时候,我们才能通过这些专属于德勒兹和加塔利的术语来理解文明化资本机器是如何以自身独特的方式压抑欲望并以此区分于原始辖域机器和野蛮专制机器的。

在野蛮专制机器中,联盟关系已经由于统治的中央集权形式转化为容贯的新式联盟,并且附属于神—统治者—民众之间的直接亲族关系。由于资本主义机器的出现削弱了政治因素,使得资本发展成了占主导地位的内在动因,亲族关系和联盟关系必然要以不同的方式被构想。实际上,在资本主义内部,处于亲族或联盟关系之中的已经不再是原始社会中的家庭或社会角色,也不再是帝国中的政治角色,而是被完全转化为资本的角色:资本主义内部的关系从本质上来讲就是资本内部的关系。人们的社会角色完全是由经济地位决定的,因为解码流是被抽象化的纯粹量(无论是量还是定量),不代表任何性质,但劳动和资本解码流之间的差异化合取导致了社会角色的质化或者主体性,因为解码的资本流不仅可以购买商品,还可以购买被解辖域化的劳动力投入生产了。在这里,德勒兹和加塔利使用了微积分的例子。如果我们分别将资本即固定资本和劳动即可变资本被数学化的抽象流看作 x 和 y 两个函数序列,用 dx 和 dy 表示两者的微小改变,由于 dx 和 dy 相对于 x 和 y 分别都是无,只有在两者被置入一种互相规定的微分关系之中,即 dy/dx 之中,两者才能凭借它们的关系被理解。我们可以从这一点来理解马克思在《1844年经济学哲学手稿》中提到的"资本实际上就是资本家"这一观点,因为正是欲望或者资本的解码之流的量和关系决定了一个人在社会中是占据主导地位的资本家还是被剥削的劳动者。在商人资本主义中,处于雏形状态的资本主义将商业资本和金融资本互不纠葛地并置在一起;而在工业资本主义中,构成差异化合取关系的商业资本和金融资本同时呈现为工业资本的不可分割的特殊功能。既然专制国家的经济联盟是一种新式联盟关系,那么资本主义机器的联盟就是一种新式的新式联盟关系(nouvelle-nouvelle alliance)。与此同时,资本在扩张过程中进入了与自身的关系,好像独立于被看作形式化中介的具体生产行为在进行自我增殖,使得剩余价值从初始价值之中奇迹般地生长出来。资本陷入的同自己的直接亲族关系,即亲族资本(filiative capital/capital filiative),是资本主义机器的新式的新式亲族关系(nouvelle-nouvelle filiation)。由于编码的消失,资本主义的基本现象是"由编码的剩余价值到流的剩余价值的转变"(AO 270)。社会机器现在需要铭刻的社会体因此就不再是大地那自然的身体,也不是统治者的政治身体,而是资本的充盈身体,因为在社会中发生的一切都绝对且首要与资本的扩张发生关联。而由于经济如今不再听命于任何社会或政治的外在考量,而是仅仅服从经济发展和资本扩张这一内在要求本身,整个资本主义就是一个巨大的内在性场域。与资本主义相比,专制统治对无限债务和死亡威胁的内化显得太过幼稚和微不足道了。国家对臣民的外部监视,现在成为了每个人对自己的思想和行为的内部约束,死亡不再是作为一种仍能侥幸逃脱的惩罚,而是不服从资本力量的内部必然。不参与社会生产的人就没有办法出卖劳动力赚取报酬,而没有货币,基本的衣食住行都难以满足,一个在资本主义社会脱离资本主义生产方式的人最终会失去生存的权利,而这一结果无法逃脱——早已由资本主义的本质决定。因此,无限债务被进一步内化到工业资本内部,这不仅体现为资本对于自身发展的无限负债(因为出于资本无限扩张的首要目标,不必要的消费和耗费行为都被制约),还体现为无限的劳动对资本的负债,即现代社会的禁欲主义[1],这很容易让我们联想到马克斯·韦伯在《新教伦理与资本主义精神》中的判断[2]。

德勒兹和加塔利将资本主义称为"犬儒主义(cynisme)的时代,伴随着一种奇怪的虔诚(étrange piété)",因为"两者的结合构成了人道主义:犬儒主义是社会领域的物理内在性,而虔诚是和神-资本同样的资本,所有劳动力似乎都来源于此"(AO 267)。犬儒主义和之前提到的残忍的系统和恐怖的系统形成直接对立,目的是精确刻画资本主义机器统治下的社会样貌,但是犬儒主义一词的模糊性和它与神秘的虔诚之联合让两人的意图难以琢磨。但实际上,犬儒主义被用来描述资本主义的时代特征的方式十分简单,因为这个充满讽刺意味的词语本身就是对资本主义的极佳讽刺。一方面,犬儒主义认为人们行事的唯一原则就是自身利益,代表了一种普遍的自私,这表现为资本自身的欺骗性,因为它对各种社会进步的承诺其实都是以自身的扩张和增殖为第一要义的;另一方面,犬儒主义表现了人们普遍的不信任感和怀疑,但资本的冷漠又弥补了这一点:为了赚钱混口

---

[1] Eugene W. Holland. *Deleuze and Guattari's* Anti-Oedipus: *Introduction to Schizoanalysis*. London: Routledge, 1999. p.83.
[2] 实际上,将《反俄狄浦斯》与韦伯包括《中间考察》在内的著作进行对比阅读,特别是将三种社会机器的划分与韦伯所说的整个人类社会发展到以理性化为特征的现代社会的几种形式进行对比非常有启发性。

饭吃,人们根本不需要相信资本主义体制的完美无缺,只要按时工作、付出劳动,一切都能解决。因此在这个愤世嫉俗、玩世不恭的犬儒主义时代,人们不需要有任何精神寄托和信念就能生存下去。最后,犬儒主义者们自以为早已看透了社会的本质,总是不厌其烦地在人们面前用说教的口吻自我感动:一切欲望不过是利益!一切让人们陶醉的真挚感情不过是人前人后疯狂的算计!你们人类只是受激素摆布的无可救药的原始动物,只有我能够从这种盲信中摆脱出来,而且放弃把自己的理性用在精打细算上,只有我!还相信着纯粹的爱情、亲情和友情的人们对这类乐于扫兴的自大狂嗤之以鼻,不可否认的是,在某种程度上他们所说的确实是对的:资本主义的本质确实是利益。

然而同时,资本主义又带来了难以调和的虔诚。虔诚或者信念,生活在资本主义之中的人需要虔诚于什么呢?犬儒主义的唯一智慧不就是"各人自扫门前雪,莫管他人瓦上霜"吗?在专制国家中,民众的绝对虔诚是统治的必要条件,国王或暴君不惜一切手段惩罚叛变和不服从。然而到了资本主义社会,信念早已经成了一个过时的观点,无需相信上帝的旨意、统治者的好心或是为名誉而战,人们都能在数十年如一日的无聊日子中安稳地活下去,如果说人们有什么需要相信的,那就是资本自我扩张和发展的能力。然而讽刺的是,资本主义社会一直在向人们抛出高福利、军事实力、国家霸权、自由选择诸如此类的信念,并告诉人们这就是大家一直追求的目标,仿佛资本主义从本质上来讲是一个致力于提高人民生活质量和消灭一切社会问题的人道主义乌托邦,但这实际上不过是借此障眼法来掩盖剥削和奴役劳动者的事实。

资本主义之所以不知廉耻地要向民众撒下这虚伪的谎言,

不仅仅是为了给人们提供一些虚幻的理想,让他们不至于觉得自己的奋斗和努力没有任何意义,从而减弱资本主义枯燥的数字游戏和被量化的社会关系带来的虚无,更是因为如果不这么做,资本就会失去进一步扩张的一种可能性。从某种程度上来讲,虚伪的并不是信念,而是资本主义用这些高尚信念粉饰装点自己、隐藏自己本质的行为本身。尽管发展资本是资本主义社会一成不变的宗旨,特定的生产领域带来的回报却并不是一劳永逸的。无论是传统手工制造业,还是房地产或者新型的服务业,市场总有随着企业垄断或者供求关系的相对稳定进入饱和的一天,随着时间的发展,人们总会发现利润不可避免的下降,从而促使人们去寻找新的领域进行投资。另一方面,生产的扩大和资本的扩张需要消费市场的推动,资本主义社会解域之流的内在性不仅在于生产出的剩余价值总是在原则上要被导向再生产实现资本的内在扩张,还在于总有一部分剩余价值要被实现,总有一部分金融资本必然地转化为薪酬,进入到劳动者的口袋里。于是,资本主义想方设法地制造需求,并且通过制造需求扩大需求来刺激消费,用各种计谋把钱从消费者的手中口袋中抠出来,从而确保金融机器能够日夜不停转地开动。因此,肩负这一任务的就不能仅仅是自由市场的动态平衡,因为自由放任对消费的刺激速度远远跟不上金融资本自我繁殖的步伐,国家必须以统治和调控组织的身份出场,以"广告宣传、公民政府、军事主义和帝国主义"等形式刺激市场的消费和投资。例如,两位作者饶有趣味地暗示道,是第二次世界大战促进了美国经济的极大繁荣,靠着战争财一举逆转了大萧条带来的颓势,完成了罗斯福新政未竟的目标。因此,有一个"政治-军事-经济复合体"在资本主义机器的内部为资本扩张(AO 279)。这就是为什么在德勒兹和加塔利看来,资本主义社会远非纯粹的自由市场,而是与原型国家所代表的专制统治的一种复杂结合,因为只要资本主义是国家形式存在的,就会有特定的官僚系统。国家起到了反生产的作用。但是这种反生产是内在于生产的,是生产的内在要求,是为了制造需求来调控、顺应和扩大生产,而非制约生产和控制生产。

由此我们看到,尽管资本主义无时无刻不在谈论解码和解辖域化,但它并不是没有任何限制的真正自由,欲望也没有真正获得解放。资本主义机器归根结底是一种对欲望的压迫和统治的形式,为了实现唯一的目标,即资本的扩张——它管控了一切异端的欲望,并且在这一渗透性弥散性的内在压迫力量面前,欲望无处可逃。这种精密灵活的控制手段,德勒兹和加塔利将之称为公理化(axiomatisation)。

公理化

在传统逻辑中,公理(axiome)被当作其他演绎和推论的基础,但是它本身的正确性被认为是理所当然的,不需要证明。所谓公理化,是指资本主义是通过公理的方式对解码流进行管理的方式。不同于编码或者超编码,公理不是对流的外在硬规定,而是一切解码之流需要内在遵循的软准则,这使得资本主义在对解码流进行管理的同时能够保持解码的流动特性,保留自由的幻象,从而防止资本主义坍缩为旧式统治和其例外情况施加的简单限制。我们可以大致地把公理理解为更高一级的规则,它更隐秘、更狡猾,也更为基本,而因为公理作用的方式不是否定性的,所以人们会有一种未受限制的错觉。用游戏来举例子的话,如果跟普通难度相比更高难度的通关限制(比如只能使用某种武器通过关卡,必须在特定时间之内完成任务诸如此类)是编码的话,那么游戏的基本操作和设定就是公理。如果我们想要玩游戏,就必须接受游戏规则,这是当然,不过这恰恰意味着有些规则对于游戏来说不是限制性的,而是构成性的,没有规则就没有游戏。当然,一个更简单的例子就是奴隶制和资本主义的工作制,为了遵守资本主义的生活方式,我们必须自愿成为奴隶。

具体来讲,将公理与编码区分的原因有很多。首先,与那些直接且残酷的编码模式和令人畏惧的超编码模式相比,公理以一种更为隐蔽和抽象的方式运作,展现出更高的灵活性。资本主义并不直接对人们施加限制,而是通过制定和调整游戏规则来施加影响。因此,公理往往是难以言明的(inavouable)。其次,为了资本的持续扩张,资本主义无法容忍那些笨重僵化的编码流存在。这些编码流过于固定在特定的形式上,使得直接交换在资本的抽象单位面前显得间接且过于质化,难以在普遍系统中实现通约。同时,它们的限制性过强,阻碍了发展的自由度。这些特点使得编码流无法有效促进经济的快速"自我推动"式发展。资本主义必须依赖纯粹抽象和量化的货币,以确保系统内所有元素都能遵循相同形式的等值交换。在这个过程中,事物和行为的质性价值不能成为流动中的障碍,而必须作为一种差异性合取的产物,以确保资本的流通和增殖不受阻碍。最后,编码流预设了经济因素相对于其他因素的从属地位。然而,为了将经济发展置于首位并清除所有障碍,资本主义必须维持流的解码状态,并使政治-军事-经济复合体的调控内化于资本发展之中。这种调控不断将资本发展的内在界限推向更远,以确保资本主义机器的运转永无止境。

资本主义最核心的公理就是"一切为了经济发展和资本扩

张服务",所有行为必须以这条最高公理为前提条件。这似乎是众所周知的资本主义基本要求,但要真正理解公理化的本质,我们需要深入考察这一公理与资本主义宣称的自由之间的冲突。德勒兹和加塔利提供了一个典型例子——科技的发展。表面上看,资本主义为研究者提供了极大的自由,科学家和发明家似乎可以专注于纯粹的学术研究,而不需要过多考虑外部因素。然而,这种对自由研究的激励并不意味着研究机会平等,也不意味着理论创新的价值会按照科学本身的标准来衡量。实际上,资本主义所支持和助推的只是那些能够降低生产成本、提高生产效率、加速资本增值的创新。科学的发展和进步始终受到资本的内在约束,其前沿性和革命性被资本的解码流量化,研究者怀着一颗纯粹的求知心投身那些无用之学,却很难看到金钱的鬣狗懂得分享他们的喜悦。这种情况用一句通俗的话来说,就是"一切向钱看"。然而公理化的特征在于,资本主义并不会直接禁止那些无法带来经济效益的研究,反而支持研究者投身自己感兴趣的事业,并在各行各业都倡导一种"自由选择"的权利。但资本只是凭着其敏锐的投资嗅觉与具有最大经济发展潜力的优胜者们签订契约,向他们倾斜资源,并造势给他们戴上"游戏规则的改变者"、"工业瓶颈的破局者"和"生活方式的改造家"的头衔;至于那些未能胜出的研究者,则被告知等待时机——"板凳要坐十年冷"。这种方式不仅维持了表面的自由,还通过市场竞争机制进一步强化了资本对科学的利用。相信这一点在各行各业都非常明显,比如在艺术领域,只要吸引到足够的关注赚到足够的钱,抄袭、缝合和生硬地套用概念都是微不足道的缺点,而那些满怀艺术天赋和创作才能但拒绝迎合市场、缺乏商业头脑的人却很难有出头之日。

与科学家和研究员的聪明头脑相比,公理化代表的对经济发展之外的一切事物的漠不关心和资本主义内部潜伏的原型国家的统治就是无可争辩的"愚蠢"。借用法国作家和马克思主义者安德烈·高兹对"科学和技术工人"的描述,德勒兹和加塔利表达了对这些研究劲头和学术兴趣已经被资本主义残酷现实消磨殆尽的脑力劳动者的惋惜:

> 尽管他已经掌握了知识、信息和训练的流,但他却如此完全地被资本吸收,以至于有组织的、被公理化的愚蠢的回流(reflux)与他融为一体。于是,在晚上回到家时,他通过摆弄电视机来重新发现他那些小小的欲望机器——啊,绝望。(AO 280)

创新应该保存着冲破现行社会现实,彻底改变社会结构的可能性,而资本主义却能用经济效益和丰厚的收入当诱饵,收编一切可能对它无孔不入的统治造成威胁的想法和行为。这种收编是如此内在于人们的生活方式和资本主义的本质,以至于大多数人只会感慨知识变现带来的丰厚利润,却意识不到只能被迫做一个乐于现状的傻子。由此,无论是科学家还是社会理论家,他们思想中的革命潜力都被压制到最弱,完全被资本主义蔓生的触手牢牢控制住了。资本主义,名副其实是一个犬儒主义的时代。

出于同样的逻辑,德勒兹和加塔利认为,即使在现代生产中机器的比重越来越高,人类在资本主义社会关系中的地位并没有因此发生根本性改变。因为,促进机器生产效率提升的根源依旧是人的研究和发现。资本主义最高公理对科学技术的选择性应用,本质上剥削的仍然是人——包括人的智力、创造力和劳动成果。资本的目光始终聚焦于如何通过人的研究来最大化剩余价值,而这种剥削方式正是资本主义机器运转的核心逻辑。

资本主义的一个显著特点是通过不断添加新的公理来化解其内部的矛盾和危机。如果说资本主义最大的公理是最大化利益的增长,那么不断添加的公理就是公理化实现的模式,其本质是使得一切事物成为可等量交换和可计量的,将解码流阐释为纯粹的交换和比较单位——因为正是这一点使得一切都可以转化为利益。这一过程不仅使资本主义得以持续扩展其调控范围,还将社会的各个领域纳入其中,隐秘地复杂化游戏规则,并要求人们默认这些规则,予以服从。德勒兹和加塔利以工人权益为例,揭示了资本主义如何通过公理化将本质上的对抗关系转化为一种新的控制机制。在资本主义生产体系中,效率至上的追求使得对工人的剥削日益严重,工人们因此联合起来,为维护自身的尊严和基本权益而抗争,组建工会以争取薪资保障、改善工作条件和缩短工作时间等。然而,资本家并未简单地对工会表示敌对,而是选择表面上接受其存在,将其合法化,使工会成为一种基于共同利益的社会组织,与资本进行协商;这看似是一种为了实现"社会良性发展"而做出的让步,但实际上,工会的合法化只是资本主义新增的一条公理,它将资本对工人的剥削由直接转向间接,使这种控制更为隐蔽和合理化。现代社会中极端重复性的劳动分工形式,就是这一机制的产物。工人试图通过争取更明确的工作与生活边界,重新确立自己的主体性,以便将更多的精力用于私人生活。然而,随着政治经济条件的变化,资本主义的统治形式也随之发生了转变。资本主义通过添加新的公理,不仅鼓励工人形成所谓的主体性,还将对生产过程的思考内化到劳动者自身之中。结果,工人在从事烦琐重复劳动的同时,还需对生产效率和结果负责。表面上看,这种变化赋予了工人更多的自主性,但实际上却模糊了工作与生活的界限,使工人在劳动过程中进一步丧失了真正的自主性。资本主义通过虚假的自主性承诺,将其对工人的管控进一步延伸到了非劳动时间。这种对工会和劳动权益的公理化,并未真正实现劳动者摆脱物化状态的诉求,反而颠倒了主体性的概念,加剧了劳动者的物化。新形式的主体性内化了对生产的责任与压力,进一步激化了劳动者之间的竞争,使这种主体化变成了一种过度主体化的现象。例如,劳动者为了在市场中证明自己的价值,主动追求更高的工作效率,甚至在竞争中陷入恶性循环,或者同时兼任多份工作以赚取更多收入,最终导致劳动力的贬值愈加严重。与此同时,资本主义国家通过倡导更加灵活的就业方式,鼓励人们接受碎片化的劳动形态,以"尊重工人权益"的名义,将统治权力细化并内化到个人身上。在同时作为劳动者和消费者的现代工人身上,无限债务就是以这种方式被逐步内化的。

这就是为什么在德勒兹和加塔利看来,片面地从阶级利益的角度推动社会改革希望渺茫。这一方面是因为资本总会想尽办法为来自内部的威胁添加一条又一条公理来化解危机,呈现出表面解决矛盾、一片和谐的图景,但实际上只是消解和避开了矛盾。另一方面是因为从资本主义机器的资本实质看来,资本主义社会中只存在作为进行解码和被解码的资产阶级。当然,这一判断无意否认无产阶级和资产阶级之间的本质差别,只是说从抽象的量化解码流的角度看来,两者的根本区别实际上是被量差与多条解码流之间的差异化关系制造出来的。资本主义机器中资本关系的实质是人们的工资和公司利益,也就是商业资本和金融资本之间的交叉共存与绝对的不可化约性。如果只关注为工人谋求现实利益,就怎么也无法触及资本的剥削植根于商业资本和金融资本之间快速直接的转换这一核心特征。由于松散的公理化代替了固定形式的编码,资产阶级和无产阶级之间的等级关系不像专制机器中统治者和被统治者之间的严密的社会等级一样不可逆转,而是可以根据所掌握的资本流的数量进行改变。穷人家的孩子也能通过一项工业发明或者科技产品一跃成为富豪,类似的例子在美国屡见不鲜(不过,难道迫不得已宣告破产的人、被高昂的助学贷款压得透不过气的毕业生和在私人医疗的惊人费用面前望而却步的病人,不比这些一步登天的幸运之人要多得多吗?),这也就是为什么资本主义注重个人能力和激烈的竞争,强调只要努力就能改变命运。

资本主义并不是一个解放的社会,而是一个压抑手段更加高明的社会。通过公理化的方式,资本主义像温水煮青蛙般让人们在不知不觉中,甚至自愿地接受为了资本增长而施加的内在约束。资本主义的两只无形大手,其权力统治比原始社会的烙铁和专制社会的刑具更加全面和深刻,让人无法逃离内在的资本控制。"一只手进行解码,另一只手对解码之流进行公理化"(AO 293),"一只手进行解辖域化,另一只手进行再辖域化"(AO 306)。正是通过普遍的再辖域化约束绝对的解辖域化,资本主义的公理化不断将其内部界限扩展得越来越远,变得能够从容应对所有内部危机。这些内部界限象征性地废除了解码之流中最深刻的解码潜力,使其仿佛在流动的金融资本面前自然地被收束。资本的抽象量化流成为了解码和解域所能到达的最远处。说解码是有界限的,也就是说解码永远是相对于管控和束缚而言的；说自由是一种幻象，则意味着只有当自由被限制为服务资本增殖的唯一目时，才会被允许存在。这幅图景并没有改变我们仍然是奴隶的事实，尽管我们已经与时俱进，成为了自我剥削的模范奴隶。如果奴隶主稍微放松了对奴隶的严苛控制，大概率不是出于良心发现，也不是为了赎罪，而是"胡萝卜加大棒"的策略屡试不爽，变得更加隐蔽和高效。鞭子虽然变得无形，但目的却更为明确：调动我们的积极性，更好地剥削我们可利用的价值，让我们心甘情愿地报答他们的"恩情"。这短暂且有限的自由，绝不是出于仁慈，而是为了更彻底地榨取剩余价值。资本主义机器内部对立的两面，从内部撕裂了它自身，形成了一种矛盾的奇怪联合："怀古主义与未来主义，新怀古主义和前-未来主义，偏执狂和精神分裂"（AO 309 - 310）。资本主义通过将这些看似矛盾的元素整合到同一机器中，既粉饰了它的扩张逻辑，也遮蔽了它的内在危机。

通过不断向外移置自身的内部界限，资本主义呈现为一切社会形式的相对界限，任何试图逃脱资本形式的努力都会被资本所收编并最终失效。马克思主义者曾预言资本主义必将因其内在矛盾而走向终结，但到了二十一世纪，这一预言仍未成为现实，反而现代社会越来越呈现出德勒兹所说的"控制社会"的特点，而资本主义在互联网、区块链和人工智能等等数字科技的加持下呈现为技术封建主义。逃离资本规制的方法究竟何在？德勒兹和加塔利敏锐地指出，使资本主义机器立于不败之地的公理化机制完全依赖于欲望与利益的混同："欲望永远不可能被蒙骗。利益可以被蒙骗、忽视和背叛，但欲望不会。"（AO 306）资本的扩张难道不正是每个人利益无限膨胀的结果？最终，这种扩张演变为整个资本体系为了追求利益的无限增殖。这种源于对资本增长的病态狂热的禁欲主义,难道不正是现代社会人的集体精神疾病?而禁欲主义的本质,正是以利益之名压制欲望,以剩余价值的无限再生产为名,压抑一切欲望的消费与耗费。利益对所有人来说是抽象地普遍有效的,但这也意味着在现实层面,它普遍无效。要脱离资本主义的桎梏,唯一的路径在于重新发现欲望的自动性、狂暴性和盲目性。这种发现并非为了出于特定目的而将欲望结构化,而是要将欲望所象征的解码流推向其自身的极限。这就是精神分裂的核心要义。尽管精神分裂与资本主义在表面上都涉及对流的解码,但两者的本质完全不同:资本主义的解码是受内在约束的,而精神分裂则是欲望之流的无限解码。因此,精神分裂成为资本主义的外部界限,甚至是绝对界限。作为绝对界限,精神分裂具有从绝对的外部侵入文明化资本机器的潜力。它能够将资本主义内部被公理化束缚的解码流推至纯粹的无器官的身体,使其达到无限的敞开状态,用革命性力量引爆隐藏在资本主义机器中的伪善和贪婪。"精神分裂不是资本主义的同一/身份(identité),而是它的差异、偏离与死亡。"(AO 293)

资本主义的符号机制

科技的发展带来的新设备使得文字,特别是基于传统书写的纸上文字不再是传递信息的唯一手段。智能手机、私人电脑、电视、无处不在的广告屏、电影院、播放音乐和促销信息的音响等等,都使得图像、视频和语音信息成为了人们获取信息更青睐的渠道。以往,人们要专门阅读报纸来获取广告信息,现在各个平台都充斥着牛皮癣一样的广告,我们甚至需要充值会员才能获得免广告的权利;长时间以来作为人们主要娱乐方式的小说逐渐式微，比起枯燥缓慢还要发挥想象力的阅读，将细节直接影像化的电视剧和电影显然要更受大多数人的青睐；电话早就取代了写信，成为了人们远距离沟通的主要方式，现在除了表达真挚的情谊或者正式的态度，或者对原来车马慢的生活的怀旧，人们很少手写信件了，而在聊天软件上，人们用自创的流行语、表情包和语音的大杂烩来进行沟通。"书写从来就不是资本主义所擅长的，资本主义是深度文盲。"（AO 285）当然，在德勒兹和加塔利看来，书写的消隐所意味的绝不仅仅是人们沟通方式的表面变化，而是深刻关联到符号机制的转变。具体而言，由于书写所代表的能指优先和阐释狂热在野蛮专制机器的帝国形式中所代表的对主人能指的绝对服从在其他符号形式的冲击下失去了优先权，文字对声音的附属地位以及所指相对于能指的附属地位逐步解体了，这导致了语言失去了在索绪尔那里相对于其他符号系统的优先性，而只是作为诸多符号形式之中的一种发挥作用。因此，语言所代表的意指功能也不再是符号普遍的特征，资本主义时代的符号学是非意指（non significant）符号学。

无论是在《反俄狄浦斯》还是《千高原》中，在讨论这种与语言的能指功能处在明确对立关系中的非能指符号学时，德勒兹和加塔利所借助的主要理论资源都是丹麦语言学家路易斯·叶姆斯列夫（Louis Hjelmslev）。叶姆斯列夫是索绪尔的追随者，他认为索绪尔对语言学和符号学的定义确实具有将语言研究作为一门科学独立出来的能力，摆脱与语文学和人类学等学科混杂不清的局面，并且发展了一门叫作语符学的学科以推进结构主义语言学的发展。叶姆斯列夫对索绪尔的很多概念划分方式都表示赞同，例如语言和言语以及能指和所指之间的划分。最让叶姆斯列夫感到欢欣鼓舞的是形式和实体之间的划分，"语言是形式而不是实体"①,语言只有脱离实体进入完全的形式化,语言研究才能获得一定形式的自主性。在叶姆斯列夫看来,这意味着我们必须把语言看作目的而非手段,因此必须把语言作为本体进行研究,而非将语言置于其得到表现的物理、生理、心理、逻辑和社会现象等超本体研究的背景之下②。不过从这个角度来看,反而是索绪尔并未贯彻自己的观点,因为他为能指和所指分配的概念和音响形象都是某种意义上的实体。为了贯彻结构主义语言学的形式化原则,叶姆斯列夫提出了自己的语符学。语符学与索绪尔语言学最大的几个差异之处在于:第一,表达和内容分别取代了能指和所指,两者并非服从一致关系,而是互为条件;第二,表达和内容各有自己的形式和实体,由此表达和内容以及形式和实体之间的排列组合构成了语言功能的四子项,即表达形式、表达实体、内容形式和内容实体;第三,在这四项之外还有一个第五项,叶姆斯列夫称之为质料(matter)或混沌体(support),混沌体是形式和实体的源泉。

我们先来看这三个特点在语符学内部起到的作用。首先,一个符号既要有指向自身的部分,又要有指向自身之外的部分,它们分别对应表达和内容。如前所述,叶姆斯列夫是为了摆脱能指和所指定义中的实体化倾向而采用表达和内容的概念的。很关键的一点在于,在叶姆斯列夫看来,索绪尔对能指和所指所做的实体化仅仅是一个假设,"内容实体(思想)或表达实体(声

---

① 费尔迪南德·索绪尔:《普通语言学教程》,高名凯译,商务印书馆,1980年,第169页。原译文为:"语言是形式而不是实质。"
② 路易斯·叶姆斯列夫:《叶姆斯列夫语符学文集》,程琪龙译,湖南教育出版社,2006年,第121—125页。

音链)在时间和层级顺序方面先于语言,或语言先于内容实体或表达实体,这样的假设是没有基础的。如果我们保持索绪尔的术语不变,并从他的设想出发,那么实体很清楚是依从于形式,而且依从程度很大,大到没有形式就无法独立存在。"[1]其次,所谓表达和内容各自有自己的形式和实体,意味着无论是分节明确的语音,还是被范畴化的思想或者概念,都是按照自己的原则被划分的。每一种语言一方面"在无形的'思维团'中划出了自身的界限,强调不同排列中的不同因素,将重点中心置于不同的位置,并予以它们不同程度的强调",另一方面也通过划分不同的语音区域得到不同的音素。[2] 表达与形式互为前提的关系与任意性所代表的能指与所指规约性的关系有天壤之别,因为在后者之中,决定是单向的。最终,表达和内容都有各自的混沌体,但不同种类的表达之间共享一个混沌体(比如,不同语言的语音系统是对人这个物种能够发出的普遍语音混沌体进行分割的结果)。由于形式在系统中占据绝对的优先性,不同语言先从功能出发以自己的方式自由地构成形式,再对相对的混沌体进行切割。不同的形式就像"相同的沙可以变成不同的形状"[3],而"实体的出现是形式映射到混沌体的结果,这仿佛张开的网将

---

[1] 路易斯·叶姆斯列夫:《叶姆斯列夫语符学文集》,程琪龙译,湖南教育出版社,2006年,第168—169页。

[2] 路易斯·叶姆斯列夫:《叶姆斯列夫语符学文集》,程琪龙译,湖南教育出版社,2006年,第170—174页。

[3] 路易斯·叶姆斯列夫:《叶姆斯列夫语符学文集》,程琪龙译,湖南教育出版社,2006年,第170页。

其影子撒落在一个未经分解的表面上一样"①。

对于德勒兹和加塔利来说,语符学的这些特征都起着至关重要的作用,甚至使"路易斯·叶姆斯列夫的语言学与索绪尔和后索绪尔学派的工作处于深刻的对立中"(AO 288)。一旦我们采取欲望生产方法向我们提供的视角,我们就会发现语符学和资本主义与精神分裂共有的解码流处在十分惊人的亲缘性关系之中。首先,由于混沌体没有任何形式,因此也没有实体的划分,混沌体可以被看作完全由解码流构成的内在性系统。另外,在德勒兹和加塔利看来,我们尽量不要认为表达和内容分别"代替"了能指和所指,这一方面是因为表达和内容并不是简单取代了两个概念,而没有对系统的本质特征作出任何改变;更是因为如果说表达和内容分别代表声音和概念最终成为了能指和所指的替代物,那是由于叶姆斯列夫最终使得语符学向能指符号学妥协,就如同完全自由的解码之流最终向资本主义的公理化妥协,尽管能指符号学代表的超编码和公理化并不对等。我们最好将表达和形式理解为阐述了能指与所指关系形成过程的理论。一方面,有一种编码流通过自组织出形式担任了能指的功能;另一方面,另一种编码流通过自组织出形式担任了所指的功能,但由于表达和内容是互相决定、互为条件的,附属关系并不在能指和所指之间,而在实体和形式之间,所以任意两条解码流都可以通过进入差异性的合取关系互为表达和内容从而构成两个可转化的解辖域化平面。而因为"除了人为地将两者分开,没有表达就没有内容,没有无表达的内容;没有内容就没有表达,

---

① 路易斯·叶姆斯列夫:《叶姆斯列夫语符学文集》,程琪龙译,湖南教育出版社,2006年,第175页。

没有无内容的表达"[1],表达和内容也进入两位作者所描述的微分关系之中:混沌体是未规定的,它们各自就其自身来说自组织的形式是可规定的,在互为前提的合取关系中进入相互规定,却并未像能指符号学一样被完全规定(因为完全规定最终回溯性地将潜在且变动的表达和内容看作被规定的特殊值),所以"当一种流进入与另一种流的关系时,实体被认为是获得了形式,并且第一种流定义了内容,第二种流定义了表达。"(AO 286)

然而更重要的是,德勒兹和加塔利超越了叶姆斯列夫的语符学。他们强调,语符学的局限性在于仍然将形式作为先在的来赋予混沌体,而根据他们对纯粹解码流的定义,形式不应该是一个外在于生产的形式,而是从生产之中产生的,或者说随着生产过程一同产生的形式。这时重要的与其说是实体,毋宁说是混沌体。因为混沌体通过自己的流动性和物质性自行产生了形式,而实体仅仅是表现出处于某种形式之下的混沌体,而不是规定它,同时实体也是一个自主性过程的结果,而非被外在形式规定的结果;形式不是以"网",而是以"网的影子"的方式作用在混沌体之上的,这意味着形式只是影子,尽管在叶姆斯列夫的原句中,影子仍然是相对于形式的影子,所以强调的还是形式,但是在德勒兹和加塔利的解读中,重要的是"影子"这个词的次级性。德勒兹和加塔利正是通过这种方式解读了马歇尔·麦克卢汉的划时代著作《理解媒介》(*Understanding Media*)。所谓"媒介即信息"或是"一个媒介的内容总是另一个媒介"指的就是,由于资本主义所采用的书写现在以货币作为普遍等价物,语言和文字

---

[1] 路易斯·叶姆斯列夫:《叶姆斯列夫语符学文集》,程琪龙译,湖南教育出版社,2006年,第167页。

失去了在超编码形式中经由阐释占据的统治地位,不能用能指—所指的形式解释其他符号,多种符号形式进入了平等互换的关系,不仅文字不隶属于声音的特权,在语言中,"无论是语音的、图像的、姿势的等等,没有流是占有特权的"(AO 286),而在传统语言形式之外,电子语言(le langage électrique)、数据处理、应用流体学、计算机语言全都不基于文字和声音。符号之间不意指,而是进入了相互交换和代替的关系中,任何一种流都有可能成为另一种流的表达,且最终符号是直接与强度化的质料流——资本的解码之流建立起动态的关系。这些符号完全不起意指作用,所以不如说它们是非符号。

然而,就像书写与声音之间关系的解放是被导向作为货币的解域之流,而非作为欲望的解域之流,资本主义的符号机制最终收束于公理化,而非精神分裂。因为尽管资本主义的符号或者非符号之中没有书写和文字,但最关键的是信息,"资本主义的生产性本质仅通过商人资本或市场公理化强加的符号语言来运作或'发声'。"(AO 287)。这对应于在德勒兹和加塔利的阐释之中,尽管叶姆斯列夫解放了形式,但是他用形式来规定实体,而非解放混沌体的解域之力,所以在某种程度上来说,如果语符学最终收束到索绪尔语言学,那是因为在一定程度上讲叶姆斯列夫只是提出了对能指—所指关系形成可能性的解释,而德勒兹和加塔利强调的是符号学如何通过强调混沌体产生形式的自主性能够不同于能指—所指关系,也即能指—所指关系的一种非可能性。所以在这里我们看到,所谓能指的优先性、能指符号学的霸权和能指和所指之间的决定关系,这些批评所要说的都是一件事:人们在看到符号的时候就知道这个符号要说什么了。对于不遵从这种普遍规律的例外情况,人们会倾向于在能指内部的运行方式中寻找问题(能指指向另一个能指),而不是对能指本身提出问题(建立符号和物质解码流之间的直接连接)。这样一来,虽然在现实中资本主义通过各种符号传达的信息归根结底只有一个:压抑欲望的自由流动,刺激资本剩余价值的增殖。然而,叶姆斯列夫所提出的表达与形式之间的区分以及对混沌体的强调具有超出资本主义统治形式的革命性潜能,同样是精神分裂的绝对解域之流的符号形式,因为只要混沌体存在,它就是不能被固定的形式所穷尽的,而是仅仅会被压抑,而分裂分析就意在解放压抑。在《千高原》中,德勒兹和加塔利会指出,作为内容的形式的机器性的配置与作为表达的形式的表述的集体性配置,这两者作为水平的两极,与辖域化和解辖域化的垂直的两极相结合,打破了能指与所指之间的同一性。在机器性的配置中,肉体和欲望不局限于个人,而是在整个社会上形成一个集体,而同为集体的表述的集体性配置同样也是欲望的生产和表达场所。一方面,形式不再是被规定的,另一方面,符号可以直接和物质产生关系,而不再需要在意指的再现中进行毫无意义的滑动。作为语用学的精神分裂分析让我们以一种真正非能指符号学的方式理解权力和社会的本质。

文明化资本机器的表象

服务于资本增殖的解域之流取代了原有社会的一切方面,成为资本主义机器的唯一关切。这一点从之前的讨论中早已现出端倪。首先,亲族关系和联盟关系不再首先是人与人之间的关系,而是资本与自身的关系,商人资本和金融资本二者不可化约的共存和永不停歇的直接转换既构成了工业资本得以出现的充分条件,又是资本主义运作的形式,而金融资本的自我交配所体现的利益生产则构成了资本主义的本质。另外,资本主义的符号机制所传达的信息除了抽象且内在的生产要求之外没有任何意义,没有任何具体的命令,也不指向任何具体的对象。最终,资本主义的社会体是由普遍化的解码之流构成的内在性平面,没有任何超越性的元素进行规定和管控。因此,资本主义机器的表象除了指向"生产性活动"本身之外毫无实际意义。

这样,文明化资本机器与原始辖域机器和野蛮专制机器相比就产生了重大的转变。在后两种社会构型中,无论是自发的区域性联盟还是绝对的社会等级制,由于家庭关系的生产严格关联于社会生产,因此两者是密不可分的;然而,尽管资本主义社会的首要目标仍是普遍资本的增殖和经济的宏观发展,因此这种关联也仅仅还停留在社会层面,并未进入私人层面。但是由于解码之流归根结底是去质性化的抽象量,社会关系并不由社会的经济生产直接生产,而是由每个人所占据的抽象资本量的量差间接生产出来,是人化的资本生产出的功能,因为每个人的身份虽然就其主体化过程而言首先是社会关系,但就其本质而言是与自身占有的一定数量的抽象流的量的内部关系,但又由于个人身份必须在流的差异化合取或者公理化之下才有意义,所以这身份是被资本的单一要求否定地生产出来的。作为社会体的资本充盈的身体将社会生产限制在量化资本的内部,私人的家庭关系第一次与社会关系完全分离了,从社会结构的有机体中被驱逐出来了;资本主义社会需要的不是父子关系,而是劳动者与雇佣劳动者的资本家之间的关系,此种关系从资本流的角度来说,是可以被自由逆转的。

由此,私人的个人变为"二级秩序的影像,影像的影像——也就是,被赋予表象作为一级秩序的社会个人的拟像(simulacra)",私人的家庭关系变为"一个缩影,适合表达它不再主导的东西",即社会再生产,而个人和家庭关系变成了脱离社会关系的无力象征,虚假幻象(illusion)(AO 315)。简单来说,家庭关系和社会关系之间的决定顺序被颠倒了,由于家庭关系现在不能动地参与到社会结构与再生产模式的决定当中来,它开始成为了一个自在的领域,服从于理论者的任意阐释,真正的俄狄浦斯情结出现了。然而在资本主义关系中,不是家庭关系从社会关系之中独立出来了,而是恰恰相反,正是因为社会关系能够独立于家庭关系决定社会生产,才导致家庭关系被孤立无根地看待为社会关系的一个缩影,并回溯性地虚构了家庭关系领域的独立。由于俄狄浦斯情结将欲望限制在家庭关系内部,并没有抓住欲望的本质特征,因此是不正确的,但因为家庭同社会被分离开了,构成了照着社会关系临摹出来的、具有一定自主性的表象,精神分析隔绝了现实,只需自圆其说即可,因此就资本主义社会的现实来讲,它同样不能被证明是错的。

这样,德勒兹和加塔利的论断,即俄狄浦斯情结是专属于资本主义的宗教的意义就昭然若揭了。首先,在原始辖域机器和野蛮专制机器中,由于家庭关系和社会关系的生产尚未分离,严格意义上的乱伦禁忌还未存在,直到资本主义凭借其公理化的谎言机制姗姗来迟,俄狄浦斯情结才有了生长的肥沃土壤。其次,俄狄浦斯情结把欲望的禁忌限制在家庭内部的伦理道德关系中,从社会的整体背景中抽离出来,这正是资本机器做梦都想要的结果,这把人们批判的注意力从对欲望进行压抑的公理化社会机制上转移到人类对自己心灵本质结构的厌恶、内疚和怨恨上。它使得人们在反思自己在社会中遭遇的失败和不公时,不先去质问是不是这个病态的社会出了问题,而是先扪心自问,在原生家庭中发现一连串早就被精神分析方法预制好的秘密后开始妥协地叹道：是的，我无法抗拒我的恋母癖，而我那乐于惩罚我的父亲把我的一辈子都毁了。

然而，德勒兹和加塔利催促我们去问的根本问题是：不能被证明是错的俄狄浦斯情结难道就是对的吗？从来如此，便对吗？欲望生产的机制和精神分裂分析的纲领为我们揭示的不正是作为匮乏的欲望的悖谬之处吗？俄狄浦斯情结只是一种形式化的操作、一种尝试性的理论，但它与资本主义社会事实的联合让我们不假思索地把它当成不证自明的真理。作为欲望压抑表象的俄狄浦斯情结揭示出的最重要的一个事实就是，它仅仅是对资本主义社会通过公理化压抑欲望过程的一个理论化描述，却并没有能力批判公理化，它展现了现代人欲望的自由流动和连接被压抑的痛苦，但却语重心长地告诉我们，这种被资本主义预先固定好的连接形式是唯一能够逃脱人类精神变态心理的方法。如果说资本主义在面对同样以解域之流作为基本单位的精神分裂时，可以直接面对自身的外部界限从而完成自我批判，那么同理，与资本主义共谋的精神分析同样可以在面对自身的外部界限时完成俄狄浦斯情结的自我批判。

然而目前为止，弗洛伊德学派精神分析的最大的创新者和改良者拉康并没有将俄狄浦斯情结带向自我批判的界限，反而通过抽象化和形式化将其深化为无意识的基本机制，让俄狄浦斯情结在这个社会扎下了更为牢固的根。德勒兹和加塔利把试图通过走向形式主义的科学化尝试从过于生理化和神秘化的倾向中拯救精神分析的拉康生动地形容为"抵抗运动的斗士，为了炸掉电缆塔把炸药安放得如此平衡，结果电缆塔爆炸之后又落回了原来的位置"（AO 319 - 320）。如果说弗洛伊德只是通过诉诸三角结构的稳定性循环地证明了俄狄浦斯情结的普遍性，拉康试图脱离俄狄浦斯情结转向三界理论和菲勒斯概念的做法反而从无意识的角度决定并且论证了这一象征结构的普遍性。对于拉康来说，想象界是自我与他人的关系尚处于原初混沌的领域，孩子在镜像阶段中只能将自己误认为镜中的自我或有求必应的母亲/他者来形成自我认同，这象征着孩子与母亲的亲密依附关系；象征界意味着语言和社会规则等象征性的秩序将主体从混沌的想象性关系中剥离出来进入社会和文化秩序的领域，这种结构性威权是父亲权力的代表，父之名/命（nom/non du père）正是阉割功能的体现；无法被象征结构完全同化的实在界则表现了欲望的绝对真实性，体现了主体欲望的某种剩余性和难以接受的真实性，"不可言说之物"逼迫象征界对思想的稳定统治走向倾覆的边缘。虽然阉割本身属于象征界，但它通过对主体和实在界的分隔作用间接揭示了实在界的绝对不可言说的特征。菲勒斯摆脱了弗洛伊德那里过度的生物性意味，作为一个符号性的位置和象征性的功能贯穿了三界。阉割焦虑不再是实际的，但仍然是真实的，现在代表着象征界对主体欲望的塑造中造成的象征性缺失。菲勒斯就是那个规定了能指链本身的匮乏以及能指链相对于所指的剩余的主人能指，正是父之名对想象界中孩子对母亲欲望的替代使得能指链的运动得以可能，然而尽管菲勒斯对于象征界和代表着象征界的父亲来说是存在的，但对于生存在象征界之内的主体是不存在的。由此，菲勒斯不仅是使得能指链的滑动得以可能的能指链的剩余，这个主人能指还是隐藏的、缺位的和被精神化的"无声之声"，造成了阉割的事实。然而在无法被象征界完全覆盖和同化的实在界中，菲勒斯与菲勒斯所代表的象征意义上的阉割不存在，主体面对的是绝对无法象征化的欲望的剩余部分,是拉康称之为客体小 a 的终极客体。

德勒兹和加塔利的观点十分直白:菲勒斯概念的引入并未真正驱散俄狄浦斯情结,而是使其机制更为抽象化和系统化,从而将俄狄浦斯情结转化为欲望的底层逻辑。尽管作为"实在无序"(inorganisation réelle)(AO 368)的实在界有着爆破整个想象界与象征界的封闭循环的潜力,尽管拉康认为"语言的结构就是无意识的结构",实际上是为了破除能指语言的内部自洽性(AO 370),但只要实在界仍旧作为象征界的匮乏和无力与阉割密切相关,只要无意识仍旧是一个基于能指特别是主人能指的结构或者结构化,拉康最终做的不过是确保了无意识与象征界中的意识在某种程度上的同形性,这实际上反映了一个问题:拉康所定义的无意识更接近于前意识(pre-consciousness)。真正的无意识不应仅仅是语言结构化的反映,意识的预备结构,而是应与意识有着本质上的性质差异,在德勒兹和加塔利看来,由于欲望生产的自动性特征,无意识甚至不是一个空的形式,而是一台运转中的机器。这样,就如同弗洛伊德做出了力比多的伟大发现却用俄狄浦斯情结豢养了它一样,拉康发现了实在界的幽灵,其无法合理化的暴力性真实对任何试图用形式固定它的企图都表示出藐视和嘲笑,然而,他却又将实在界看作必须服从于象征之现实的虚构,当作另一种匮乏从属于象征界的形式结构。菲勒斯所代表的超越性能指,在野蛮专制机器中承担了超编码的功能,直接在社会机制的深处引入了欲望的匮乏:统治者的强制命令使得个体无法获得其真正渴望之物。随着资本主义机器的普遍化,这种匮乏进一步被精神化、被内化,逐渐成为主体欲望的内在标志。最终,这一内化的匮乏被转译为"人类的本性":

我们无法得到我们所欲求的,而且总是徒劳地欲求我们得不到的。然而,这种匮乏并非欲望的本质,而是积极的欲望与能够满足欲望的资源之间的一种关系,或者是后者对于前者来说的外在状态,而这种状态是被自然与社会,特别是资本主义机器的运转要求制造出来的。在资本的无限增殖需求下,金融资本不会任凭多余的商业资本流入消费市场,而是尽可能地将商业资本转化为金融资本以求得利益最大化。这使得人们的消费欲望总是无法得到完全满足,更不用提有些商家为了刺激购买会进行饥饿营销了。精神分析无视了这种人为制造的匮乏,将其伪装为主体欲望的普遍前提,从而将欲望与资本主义的增殖逻辑紧密捆绑。正如德勒兹和加塔利所言,匮乏不是欲望的基础,而是欲望机器运转过程中由社会机制制造的结果。

由此,精神分析通过将社会领域和家庭领域决然分隔开,并且在家庭领域这个社会领域的拟像中重建了对家庭关系的片面解释,免除了资本主义生产方式对现代人的精神问题的一切责任,并且在资本主义普遍解辖域化的内在性平面上为俄狄浦斯情结抢救出了"最后一块辖域"。由于家庭再生产和社会再生产的分离,家庭关系中仅显示社会性压迫的结果,却不显示压迫机制,因此,精神分析肩负起了在被孤立的家庭关系中为欲望之压抑虚构一个机制的重要责任,来确保对于任何精神疾病来说合理的解释都依赖唯一的理论原型。这也就决定了精神分析所依赖的那个吊诡公式:内疚=治疗。因为精神分析要做的不是解放欲望,而是将怨恨的对象从别人转向自己,将无限债务内化,并在人们心中培植内疚和良知谴责(bad conscience),从而维持欲望的压抑。这种"文明化的欧洲人"在尼采看来正是基督教道德的绝佳典范:"催眠与影像的支配,他们散播的麻木;对生命和一切自由之物,一切通行之物和流动之物的憎恨;死亡本能的普遍涌泻,被用作传染手段的抑郁和内疚,吸血鬼之吻:你难道不为自己的快乐感到羞耻吗?跟我学吧,在你说'是我的错'之前,我是不会放过你的。哦,这抑郁情绪卑劣的传染!"(AO 320)在这个天衣无缝的理论系统的协助下,精神分析预制了一套完整的话术,在人们踏入分析师温馨的小屋之前,一个精心搭建的古希腊剧场早就等候他们光临了。在专制社会中,"人的欲望总是他者的欲望"中的这个他者指的是统治者,而在资本主义社会中,这个他者变为了在被内在于资本解码流的权力形式的操纵下自愿受奴役的自身:主体分裂成了言说主体和言中主体。而这种区分仅仅意味着,精神分析早就知道怎么应对经历各异的来访者了,他们想说的不外乎是,"是的,我欲求我的母亲而且想要杀了我的父亲;对于所有的资本主义言说,都有单一的言中主体——俄狄浦斯,而在这两者之间,是阉割的平衡性裂隙。"(AO 321)由此,虽然精神分析并没有通过发明俄狄浦斯情结对欲望进行压抑,但它发现了俄狄浦斯情结,并由之掩盖且主张了资本主义的隐秘的公理化模式对欲望的压抑。

至此,俄狄浦斯情结,或乱伦禁忌完成了对表象秩序的彻底占领。文明化资本机器的表象呈现为如下部分之间的关系:

资本要确保剩余价值尽可能地被投入社会再生产而非消费,而只有那些能够促进再生产的消费需求才被允许制造出来。同时,父亲是代表了内在于资本的"经济-军事-政治复合体"推行的资本增殖的拟像,而母亲是那些带来满足的消费或耗费行为的拟像。由此,资本的乱伦,即不服从公理化的消费或耗费行为,成为了**欲望压抑的表象**。

由于家庭关系与社会关系在社会生产过程中的分离以及家庭关系作为社会关系的缩影的回溯性构建,精神分析学说与资本主义社会现实的高度契合使得人们认为乱伦是人们真正要压抑的东西,因为正是乱伦禁忌使得真正的家庭关系表象得以可能,也正是与乱伦禁忌相对的阉割使得欲望能被去性化,使得力比多从家庭领域升华到社会领域,成为真正文明的推动力。由此,乱伦或阉割成为了**欲望被压抑的代表**。

最终,由于在本质上,资本主义机器通过以公理化的方式对解域之流进行的制约压抑的是欲望的自由流动被推至极限的解域之流,乱伦是**被压抑的被表象物**。

尽管乱伦是被压抑的被表象物,也就是资本主义机器的内部极限,但是资本主义通过公理化的方式不断地扩张内部极限,使得自己永远不会触碰到这一相对的可变极限,因此,精神分析方法在资本主义社会中的盛行将欲望投注限制于核心家庭内部的做法仍然使得人们普遍相信乱伦的禁忌就是心智正常的、受过良好教育的、文明的并且有良好伦理道德的人唯一需要不遗余力压制的东西,因为在冷漠且麻木地服从资本单一要求的文明社会之中,大家都想当一个只追求利益的正常人,而欲望是可耻的,就好像每个人内心深处那不齿的家庭性幻想是一切问题的元凶。现在,使得表象得以可能的元素和被表象的元素重合了,因为人们默认从表象出发往回追溯得到的结果与使得表象得以被以如此形式构建出来的出发点是严格一致的,导致问题的元凶和现状呈现出的问题本身是严格一致的,俄狄浦斯情结自然而然地成为了永恒的真理。资本主义社会构型只有触碰到自己的外部极限也即绝对极限才能完成自我批判,这在德勒兹和加塔利看来是分裂分析义不容辞的责任。只有从欲望生产或精神分裂的能动角度出发,欲望的对象才不需要从部分客体(由无意识的工作主导的纯粹满足)还原到整全客体(父亲和母亲,并由此赋予自身固定且统一的主体形式),欲望才不会转变成利益和虚伪的伦理道德;只有放弃将表象看作表象,即看作对某既存之物的再现,没有任何特定形式却能够使任何形式得以可能的生产性的无意识才能获得它的全部价值。

第五章　分裂分析的可能性与任务

《反俄狄浦斯》的第四章也是最后一章叫作"分裂分析引论"(*Introduction à la schizo-analyse*),这不由得激起我们的好奇与不解。事到如今再谈论引论或者介绍是不是太晚了?如果最后一章是对分裂分析的介绍,那么前面的部分中对分裂分析的提及又应当如何看待,它们是引论的引论吗?

这是因为正式地谈论分裂分析的时机直到现在才成熟。回顾全书前三章的内容,我们会发现它们都是对分裂分析以及其本质,即欲望之流构成的无器官的身体的简单描述。这种描述是通过对作为匮乏的欲望、俄狄浦斯情结和欲望的普遍历史的批判才得以浮现出来的。他们一直在讨论精神分裂是什么样的,分裂分析是如何运作的,却没有对我们为什么需要分裂分析以及分裂分析如何可能作出充足的解释。欲望最本真的运作形式就是精神分裂,因为欲望是以被强度吸引的方式自发寻求连接和再次连接的,不受任何先行规则的限制,也不追求任何特定的构型。精神分析误解了欲望的本质,认为欲望是一种匮乏,从而将人的精神与心灵囚禁在核心家庭的三角循环之中。这些对于我们来说早就耳熟能详了。然而分裂分析并不是一直就在那里的,诚然,只要有精神分裂就有与之对应的分裂分析,但是这种必要性却不构成分裂分析出现的充分性,只有在精神分析排除了其他一切可能的解释,将自己规定为对人类心灵结构和欲望本质进行解释的唯一理论时,分裂分析才不得不站出来大喊:你这个伪君子,你弄错了!精神分析为欲望的本质提供了错误的解释,但正是凭借着精神分析同时提供的可解读的原始资料,分裂分析才能够通过分析构建出欲望早已被人遗忘的本质。

然而如果没有精神分析在资本主义内部的蓬勃发展,分裂分析很有可能根本就不会出现。当然,分裂分析的可能性一直就在那里,只要欲望的本质仍是自由不受限的解码之流,分裂分析就是理解欲望的唯一途径。然而在专制国家机器中,统治者对欲望从等级制金字塔的上方的至高权力位置施行的超编码政策使得欲望的本质被完全遮蔽了,人们只能设想欲望的自由是脱离国家的势力范围,找到一个隐秘的村庄过与世无争的田园牧歌式的生活。也就是说,人们只能将解码消极地构想为编码的反面,而非自由的流动,构想为与形式相对无形式,而非足以生产形式的混沌。从这个角度来看,精神分析无疑代表着理论思考的精细化,只不过弗洛伊德在发现自由流动的力比多之后,最终又让力比多服从于固定的形式。与此类似的是,资本主义同时进行解辖域化和再辖域化,这不仅意味着它最终还是无可救药地禁锢了欲望的自由流动,更重要的是这种看似是玩火的操作至少意味着是资本主义使得作为生产的欲望能够从编码和超编码中解放出来,成为解码之流和解辖域化之流。如果说在专制国家机器中,人们仍能幻想着逃离国家的疆域,在一个无人之地重新开始生活,那么在资本主义机器中,由于普遍解辖域化带来的经济全球化和国家之间引渡法的存在,不再有任何角落是不被资本主义毛细管式的统治所渗透的了。这也是为什么哈特和奈格里说,巴迪欧所说的外部革命在当今的资本主义时代是不可能的。在这种情况下,外部的绝望迫使人们注视内部以寻求解放的可能性。因此,精神分析既是对欲望的颠倒,又是使得分裂分析能够出现,对这一颠倒进行颠倒的拨乱反正的契机,这就是资本主义或者精神分析自我批判的界限。

从某种意义上来说,前三章确实可以视为"引论的引论"。第四章则承接前三章,并为《千高原》铺路,充当一个理论枢纽,连接起《资本主义与精神分裂》两卷本的理论部分与实践部分。《反俄狄浦斯》主要探讨了分裂分析的内容、方法论、必要性、可行性及其目标,而《千高原》则是在文学、语言学、符号学、生物学、政治学等多个领域对分裂分析理论进行具体实践的尝试。与此同时,《反俄狄浦斯》本身也是德勒兹和加塔利在《千高原》中正式提出的根茎式思想与写作方式的首次实验。他们在写作上刻意回避任何明确的结构和清晰的表述,因为他们认为,清晰性所遮蔽的东西远远多于它能够呈现的内容。如此看来,"分裂分析引论"隐秘地呼应了精神分析的经典文本——《精神分析引论》(*Introductory Lectures on Psychoanalysis*)。德勒兹和加塔利几乎是沉默地提醒我们注意,《反俄狄浦斯》对分裂分析方法的刻画是否如弗洛伊德一样,在将精神疾病的成因与神经生理学分离之后,不加过多解释就将一系列从具体案例之中抽象出来的结构应用到新的案例研究之中,并把这种在经验之上的普遍可应用性和未经证实的客观性本身当作先验的必然性。精神分析总是在解决理论系统内部的矛盾和冲突,对论证理论是否真的适用于现实总是兴趣寥寥,因为他们正是在这种符合性的预设上精细化自己的理论的,这也就是为什么德勒兹和加塔利不吝讥讽地提到,"那些对女人、孩子、黑人和动物进行俄狄浦斯化的精神分析师知道他们在做什么吗?我们梦想着进入他们的办公室,打开窗户然后说,'这里太闷了——来点与外界的关

系吧。'"(AO 428)

正因如此,《反俄狄浦斯》的前三章不仅是对分裂分析的理论奠基,同时也是一次根茎式的写作实践,通过呈现精神分析与分裂分析难解难分、互为表里的复杂关系,它展示了分裂分析是如何从精神分析的沼泽中挣脱出来,通过忠诚于现实的地标而浮现于思想的地平线上的。我们不能脱离精神分析理解分裂分析,因为分裂分析并非与精神分析迥然相异,既然精神分析掩盖和扭曲了欲望的本质,那它同样将自己作为真理将双手盖在分裂分析的嘴上。只有在根除俄狄浦斯情结似是而非的说教对我们思想的控制之后,只有在剥离了那些遮蔽了欲望本质的布料之后,分裂分析裸露而不加遮掩的肉体才能展现在读者眼前。

由此,第四章的目标逐渐变得清晰起来。首先,为了让分裂分析成为一种肯定性的分析方法,德勒兹和加塔利必须证明分裂分析并非像精神分析一样,是建立在对欲望本质的扭曲以及对社会压抑的掩盖之上的随意阐释,而是与欲望真正的本质相合的真正正确的理解方式。同时,正是遮掩了欲望本质的精神分析反而敞开了揭示欲望本质的入口,这不仅是因为精神分析发现了自由狂暴的力比多投注,更是因为与资本主义相联合的精神分析通过受限的解辖域化隐秘地揭示了欲望解码之流的本性。精神分析与分裂分析的密切关系与它们内部的诸多共同元素构成了分裂分析从精神分析内部批判性出现的可能性条件。其次,为了摆脱精神分析对抽象结构的依赖,分裂分析必须能够揭露精神分析对两者共有的那些元素的错误操作、理解和理论构建,并由此与精神分析拉开界限,将解域之流由相对状态延伸至绝对的极限。这构成了分裂分析的批判性任务。最后,分裂分析必须通过逆转精神分析对欲望本质理解的错误观点,重新建立在能动的欲望生产的视角下对主体、无意识、社会生产等问题的正确理解。这构成了分裂分析的两个建构性任务。

分裂分析的可能性

从本质上来讲,精神分析和分裂分析是对同一个社会场域进行的不同分析形式。在这个社会场域之中,欲望的投注直接以生产性劳动为对象,欲望生产与社会生产不可分离。尽管我们曾经说过,在原始社会与专制国家当中,家庭关系的生产与社会生产紧密结合,但是无论是在哪种社会形式当中,家庭形式都是社会生产的直接结果而不是对象。资本主义社会的新颖之处在于,资本的公理化并不直接生产家庭关系,而是需要引入精神分析间接塑造一个脱节的家庭关系。然而精神分析的本质并不在于对家庭关系的还原,而在于向固定结构的还原,这是由于它将资本主义呈现出来的社会表象当作了社会的本质。而分裂分析倾向于对欲望之流原本的多样性和偶然性保持忠诚,拒绝向任何简单结构的化约。

多样性与同一性之间偏离的根源在于欲望机器的运作模式的复杂性。欲望生产三种综合的每一种都有相应的内在运作和超验运作。陷入超验运作的欲望生产就如同生产过程被产物挟持了,显得欲望生产的整个重要性就在于重复不断地复刻某一次特定的生产过程从而保证特定产物的量产化,而非强调生产过程本身的多样性、难以控制性和不可预测性。同时又因为在生产过程中必定同时存在生产过程和产物,所以超验运作是欲望生产无法逃脱的命运,我们只能通过置身于内在性运作中从欲望的本质出发驱散这一幻影。

对于原始辖域机器和野蛮专制机器来说，欲望的代表被隔绝在表象形式之外。这一方面使得欲望的本质在社会表象之中完全找不到位置，另一方面通过这种决然的超验操作，欲望的本质得到了保存。然而在文明化资本主义机器之中，由于家庭关系与社会关系形式化的区分以及俄狄浦斯情结的普遍化应用，欲望的代表被等同于被压抑的被表象物，即俄狄浦斯情结或乱伦禁忌。虽然这种操作使得欲望的本质被误认，但因为在资本主义机器同时存在将欲望从编码中释放出来进行的解辖域化和依据资本的公理化、原型国家的公理化以及精神分析的家庭化进行的再辖域化，内在性运作和超验性运作第一次得以同时存在。欲望本质在俄狄浦斯情结面前的污染反而成为了人们开始尝试理解欲望本质的契机。

严格来说，欲望机器的两种运作模式之间的区别来源于无器官的身体在生产和反生产这两个相对立的功能之间进行摇摆的两可性。一方面，无器官的身体代表了生产内部的反生产，它拒绝任何成形的欲望连接，并且用一种类似洁癖的厌恶将特定的连接拆散回自由流动的未规定状态。另一方面，无器官的身体又代表了包容了分散的机器碎片的潜在状态，这种未规定状态正是欲望重新建立连接寻求满足与享受的生产可能性。或者更准确地说，无器官的身体的模棱两可实际上存在于对生产概念的两种理解之间。在第一种理解中，反生产构成了欲望机器的内部极限，成形的组织化连接在旧的欲望获得满足之后，必然会在新本能的内在驱动之下积极寻找不同的连接方式，不会对已经完成任务的机器产生一丝留恋。这时，由于无器官的身体与欲望机器在有机的交融与互换中达成了有律动性的工作节奏，生产是直觉性且差异化的，反生产不断反哺生产，促使新涌现的欲望回路得以结成。在另一种情形中,反生产不再促成生产,而是规制了生产,把生产当作规范化和模式化的机械式流程。反生产代表的惰性包裹和覆盖了生产内部狂乱不羁的溅射火花,用一套流程规章对欲望生产进行规训。未经审查的欲望机器会被当作扰乱秩序的潜在危险排除在外,生产被化简为听从和遵循一套毫无创造力的定则的模仿和复制。这时,无器官的身体从欲望机器的能动生产之中脱离出来,作为一张令人窒息的薄膜覆盖在生产过程之上,显得是这个表面上早已被铭刻的指导方针决定了生产的方方面面以及每一个细小的步骤,欲望机器的生产洋流与无器官的身体的反生产平面之间的优先级被倒转了。前一种模式是综合的内在性运作,忠诚于欲望机器从无到有建立欲望回路的构建性;后一种模式是综合的超越性运作,将欲望生产的最终产物当作生产的本质,背叛了欲望机器的创造性。

对于德勒兹和加塔利来说,欲望综合的超越性运作和内在性运作分别对应于精神分析与分裂分析。精神分析假定了欲望的本质是匮乏,而且一切精神问题都产生自个体心理与俄狄浦斯情结这个本质之间的冲突与失败的协调。分裂分析则认为欲望的本质是生产性的,永远不知疲倦地在寻求独属于自身的满足,而匮乏总是被后来制造出来的现实情况。同时,分裂分析坚持认为对于欲望而言没有任何需要遵从的法则,或者唯一需要遵从的法则就是欲望寻求满足的内在律令本身,因此它并非将一切欲望呈现的现实按照唯一的结构解读为符合或者偏离,而是采取一种实证主义的态度尝试描述、理解和尊重每一种独特的欲望。由于精神分析倾向于认为欲望的结构化是在人类心灵结构的最深层就已经开始了的,无意识作为被压抑冲动的储藏所，反而是通过潜意识使得特定被允许的意识内容进入意识，从一开始就在为意识的结构化做出贡献，已成形的意识永远占据主导，并将它的结构形式强加在无意识之上。精神分析的意识类型可以被称之为克分子式的（molar/molaire），意识的结构是克分子集合体（molar aggregate/ensembles molaires），这种无意识是被成型的意识塑形的。克分子一词所代表的摩尔量在化学上就是衡量大量聚集起来的微观粒子的单位。当我们使用摩尔量来形容物质时，就会放弃对每一个单独的微观粒子的具体运动和状态进行描述。与之相反，由于分裂分析并不预设无意识与意识之间的连续性，而是断定与结构化的意识相比，无意识是去中心的绝对混沌，从未被组织被固定，无意识的流通过自由不受控制的"窜逃"和"冲撞"使得这些原始潜在物通过变形、转化和沉积无计划地构成意识的形式，就好像微观态下微小粒子所做的自由不受限的布朗运动，从而激进地维护精神分析学说中无意识应该具有的冲动性、可变形性和难以约束性，凸显在无形式的无意识与形式化的意识之间巨大的断裂和尖锐的对立，并强调无意识相对意识来讲的起源性地位。因此，分裂分析对意识的理解方式被称为分子无意识（molecular unconsciousness/l'inconscient moléculaire），而意识的本质结构是分子繁复性（molecular multiplicity/multiplicité moléclaire）。克分子与分子这两个概念之间的区别在于：克分子结构呈现为一种固定的样式，而且这种样态与其呈现于其中的完整形式不可分离，克分子认为自身是自由分子运动必然呈现出的结果，因此分子的自由被看作是一种暂时性的，注定被消除的中间不稳定态；而分子则是将不受控制的自由运动视为自己的本质，而将宏观呈现出来的样态理解为转瞬即逝的效果。在分裂分析看来，克分子与分子之间只存在尺寸或量的差异，而精神分析则认为差异是质性的。这两个概念的共同点在于，克分子结构一定是由分子元素组成的，只不过克分子将对分子的约束看作本质状态，而分子则将自身的自由不受限看作本质状态。

克分子机器与分子机器之间的复杂关系，可以被看作德勒兹和加塔利所称本质与体制之间的关系。本质指机器的运作模式，而体制指机器服从的是何种目的。由于克分子本质上就是由分子构成的，而分子以自由运动作为自己的特征，因此克分子只有通过将完成了的结构看作中心，并且通过它自身赋予自己的核心地位反观生产过程，才能将难以预测的差异化生产过程的涌动留下山峦的沟壑抚平为向着预设目标的稳定前进的平坦路径。所以从根本上讲，克分子结构的本质就是分子的运动——克分子机器的运作同样是以自由运动为基础的，两者的本质在此达成了一致。而两者体制上的差异是来源于克分子结构从自身出发衡量一切，将集合体暂时的稳定视作应当持续的永恒，并且采用强制的手段排除一切有可能威胁集合体稳定的自由分子运动，所以克分子机器的体制是尽力维持现存的秩序，而分子机器运作的机制是将现存的秩序看作注定要被时代的洪流淹没的偶然结果和暂时状态，转而肯定内部无限的创造性以求得新秩序的建立和再次倾覆。正是这种体制上的差异使得克分子偏离了自身分子性的本质。"因此这些是相同的机器，但完全不是相同的体制、相同的量级关系或综合的相同用法。"（AO 342）

我们可以将克分子与分子之间的关系总结为一与多之间的关系。然而需要注意的是，不是一与多之间的对立，而是一与多之间的关系。为什么这么说呢？因为无论是克分子还是分子，根据理解的视角不同,它们都可以既是一又是多。就其本质来讲,克分子是分子的多,就其体制来讲,克分子是规定性的一之整体(ensemble);就其本质来讲,分子是其自身的多样性和反复性,从某个特定的角度看,所有分子运动可以被笼统地称为一个全体(tout)。当我们在说"存在着一个世界"的时候,修饰世界的一并非将世界看作同一性或一个单独的个体,因为我们无法直接观察到这一个单独的世界,而是恰恰相反,世界之一指的是容纳了多种不同事物的、总括性的一。区别在于,整体的一是封闭的,它用自身的统一性排除了多样性,而全体的一是开放的,多样性在其中涌动、消散和汇集,却从来不会被同一化。因此,一与多之间的关系并非意味着克分子是简单的一,而分子是复杂的多,而是在于对于克分子来讲,同一性迫害、压抑和排除了多样性,而分子的包容的一囊括了一切可能的多样性。

这实际上将我们带回全书开篇德勒兹和加塔利谈到欲望生产与社会生产"仅仅是现象上的平行"(AO 16)的段落。当然,欲望生产不能被仅仅等同于社会生产,因为欲望生产总是微观的,而社会生产总是对宏观因素进行调控呈现出的结果;但欲望生产也不简单与社会生产处于对立关系之中,就好像因为个人的欲望总会表现为对社会生产的稳定性造成破坏的潜在危险要素,而且总是显得异想天开不切实际,就将欲望草草当作幻想(fantasy/fantasme)打发掉,只关注每个人都生活在其中的社会这个需要合力构建的现实,因为就我们已经看到的例子来讲,社会生产都是建立在对欲望生产进行调控和限制的基础之上的,而不是像精神分析所说的那样,欲望必须被强迫着通过使自身去性化的升华才能变得现实;欲望机器其实是构建了社会生产机器的微型机器。"并非是这样的:一方面是现实的社会生产,另一方面是仅仅属于幻想的欲望生产。"因为两者严格来说是同一过程的两个阶段或两种状态;"唯一能够在这两种生产之间建立的联系只是次要的内摄和投射,仿佛所有的社会实践都有其对应的内摄或内在心理实践,或者仿佛心理实践被投射到社会系统之上,而这两类实践之间却从未对彼此产生任何真正的或具体的影响",精神分析对两者关系提出的解释仅仅是形式化的,因为它本末倒置,将处在根本地位的欲望生产当作幻影,却将看得见摸得着的现实社会当作本质,实际上,欲望生产要比这种现实更为现实:"事实就是,社会生产完全就是处在某种特定条件之下的欲望生产。我们认为社会领域是直接被欲望投注的,而且是欲望被以历史的方式决定的产物,而力比多为了侵入和投注生产性力量和生产关系无需任何调解或升华,无需任何心灵操作,无需任何变形。"精神分析恐惧力比多的裸露的原始生产性力量,急忙用升华的厚重衣物为它蔽体,这种恐惧和慌乱是如此具有喜剧效果,我们甚至无法分辨需要升华的到底是文明还是假正经的精神分析师。同时,正是遮掩的行为导致必须有一个操作来调解欲望生产与社会生产之间的关系,而在力比多或欲望生产看来两者实际上从未被分离。使得社会生产直接被理解为欲望生产的"特定条件"就是肃穆的克分子结构内部隐秘的自由分子运动、一之中携带的满溢的多、消极的生产内部的能动的积极的生产,以及社会生产内部的欲望生产。"只有欲望和社会领域,没有其他"。(AO 36)

如果我们将一与多之间复杂的关联理解为一与多之间的对立,我们就落入了精神分析亲手布下的陷阱。精神分析将欲望生产与社会生产之间的平行转变为家庭关系与社会关系的冲突,将欲望的无人称冲动与社会的集体利益之间的对立转变为私人心理与社会规章之间的对立。然而实际上我们都知道,所谓个人或者主体,只是在欲望生产的第三综合中随着欲望的满足即时出现又立马消散的副产品;而一个被综合的超验性运作固定下来的具有同一性的主体是被精神分析利用的工具,因为这样它就可以将次表象的欲望还原为可表象的利益,部分客体还原为整全客体,将生产掩盖为缺乏。不要忘记,个体心理那复杂的操作相对于欲望生产来说永远是次级的。俄狄浦斯情结无法逃脱,正是因为私人领域或家庭领域与社会领域之间的对立是毫无根据的,而且这种对立与其说是对立,不如说是投射和分割。另一方面,反而是资本主义社会那无孔不入的权力渗透使得家庭与社会之间的界限逐渐消弭了。

> 毫无疑问,将集体和个人这两个维度对立起来是一个错误。一方面,微观无意识展现的排列、连接和相互作用并不更少,尽管这些排列具有一种独特的形式;另一方面,个体化了的人的形式并不属于微观无意识的领域,因为这种无意识只知道部分客体和流,这种形式属于宏观无意识或克分子无意识的统计分布法则。(AO 332-333)

因此,精神分析提供的社会生产和个体心理学都不具有分子无意识所具有的真正革命潜力。就资本主义社会中同时存在着解码之流与对解码之流的公理化而言,俄狄浦斯情结就是公理化形式的一种。通过将被解域和解码的自由之流重新整合到家庭关系的欲望三角之中,将解辖域化再封装为再辖域化,将开放的全体化约为封闭的整体,将包含着多的一压平为排除了多的一,将分子的悸动规训为克分子的沉稳。然而同时,这一整合非但没有彻底摧毁分子流,反而揭示了资本主义社会对欲望的控制是建立在解码和解辖域化之上的。被命令着进入克分子的固定形式的分子们非但没有完全失去自己的生命,反而通过被从原来的编码之中解放出来被赋予了全新的革命潜能。

> 欲望的微观繁复性并不比大型社会集合体具有更少的集体性,它们是严格不可分的,并共同构成同一个生产过程。从这个角度来看,二元性的两极与其说是存在于克分子层面和分子层面之间,不如说是存在于克分子社会投注的内部,因为在任何情况下,分子构型本身都是这种类型的投注。(AO 407)

因此,分裂分析的可能性就在于,资本主义与精神分析在将多化简为一的过程中,同时隐秘地暗示了一之中纯粹之多的存在。

分裂分析的批判性任务

如果分裂分析想要将自身的可能性转化为现实,就必须从精神分析的束缚和遮蔽之下挣脱出来,因此与其说分裂分析是可能的,不如说它是潜在的,因为它并非与实在相对,而是与现实相对。然而这种潜在性必须通过相对的现实才能得以评估,因为我们知道,这就是解码的悖谬:纯粹的解辖域化和纯粹的解码是不存在的,如果欲望之流没有被机器性的连接所截断,那么流甚至就不能被称为流,因此我们只能通过确定的连接的稳固性来衡量解码之流不断尝试挣脱禁锢,回归不受约束的自由状

态的革命性。"解辖域化的强力和顽强只能通过对其进行表象的再辖域化来衡量;两者互为反面。"(AO 377)

之所以分裂分析是在精神分析的内部得以可能的,这不仅是因为资本主义是通过以更精妙的公理化方式约束它通过解辖域化虚情假意许诺的自由来讽刺地达成隐秘的再辖域化的,使得人们认识到社会可以不通过客观存在的辖域来运作,从而将解辖域化的可能暴露在人们面前,更是因为在之前的社会之中,编码和超编码的形式对欲望之流施以最严苛最不容分说的暴力管束,这使得人们无法构想不以地理划分为基础的社会,与此同时辖域的破坏直接暗示着社会的毁灭和人类文明的解体:要么接受社会的表象,在社群或国家的庇护下生活,要么拒绝这一表象,成为流离失所之人,犹太人的大流散(disapora)就是人类历史对解辖域化的悲惨处境所做的最严正的告诫。这使得解辖域化的可能性被压制到最低。在原始辖域社会中和专制国家机器中,表象的威权并不给予人们以自由,所以人们要么只能以表象的反面来构想自由,即脱离辖域,被放逐或自我放逐,要么只能以用一种表象来代替先存在的表象来夺取自由,即帝国或共和国政权的更迭。而在文明化资本主义机器中,巨大的表象碎裂为一个又一个细小的表象,人们虽然在表面上被给予了充足的自由,但如果人的自由并未服从于资本利益增殖,那就是坏的自由。无自由与自由之间的二分法被好的自由和坏的自由之间的二分法替代,但无可置疑的是,只要自由被某种外在的标准加以限制,就不是真正的自由。

德勒兹和加塔利将他们在第三章中提到的人类社会的欲望构型史重新用不同的表象形式之间的变迁加以解读。原始辖域机器是通过神话的表象在人们的心中埋下恐惧的种子并榨取忠诚与服从,而野蛮专制机器是用悲剧的表象来做到这一点的。无论神话还是悲剧,它们都是外在且客观的社会表象,是"仍然将欲望归因于决定的外在条件和特定的客观编码的象征性表象系统"(AO 357)。社会希望每个人都从这些表象所暗示的内容中学到一些教训,了解遵守社会规则的重要性,因为个人的反抗行为在时代的大浪潮面前螳臂当车的后果已经在这些表象内部被很好地呈现出来了,在神话中是愤怒的神对玩世不恭的人世落下的惩罚,在悲剧中是傲慢的人物不自量力地试图与命运抗争为自己带来的悲凉结局。由此,这些表象形式代表了官方意欲达到的教育功能,它们的客观性与主观性起源无关。但我们不能由此就将这些社会过分简单地想象成严丝合缝的统一体。不可否认,对于有些人来说,神话和悲剧的意识形态功能确实起到了将他们规训为社会需要的优良公民的作用,但有些人只是把他们当作无聊生活里面的一点艺术点缀,更别提有些人会对这些东西嗤之以鼻。人们之间口耳相传的故事是一回事,政府背书加以推广的故事又是另一回事,在以神话为主导的原始辖域社会之中同样存在有自己想法不听管教的异见者,正如在资本主义社会中不是每个人都会相信那如天国降临一般的美国梦,忠诚于意识形态宣传的傀儡毕竟是少数。因此,德勒兹和加塔利会说,尽管神话与悲剧的表象确实服从于外在决定的客观性,但这种客观性仅仅代表着社会的真实历史状况,而非社会的时代精神或本质,而且与这种客观性相对的主观性起源仅仅是艺术家通过无意识感受到的那些需要表达出来的感受与情动。因为归根结底神话和悲剧不过是讲述故事的艺术作品,而它们的结构源于意识的加工,一方面是艺术家为了将那些纯粹的感受转变为可讲述的故事情节的意识加工,另一方面是统治者或分析师为了在故事中抽出某些合它们心意的形式并将它们固定为标准形式或本质形式的意识加工。

> 然而神话和悲剧不也是生产——生产的形式吗？当然不是：只有在与真实的社会生产、真实的欲望生产建立联系的时候它们才是生产。否则他们只是代替了生产单位的意识形态形式[……]研究古希腊的学者真的相信古希腊人的神话依照了他们的信仰吗？[……]恩格斯的那句评论从未像现在这样具有如此深远的意义：你会以为精神分析师们真的相信这一切——神话、悲剧（他们仍然在相信，而研究古希腊文化的学者们早已不再相信了）。（AO 353）

正是如此，精神分析将原来社会可以说是弃若敝屣的东西奉若至宝，在丰富的神话和悲剧资源中翻找他们想要的真理。说实话，我们不确定精神分析是真的相信在古人的教诲中埋藏着无上的智慧，还是仅仅不愿意放弃这些流芳百世的艺术作品自带的影响力为他们自己建立的学说带来的难以辩驳的信服力。当然，精神分析不会满足仅仅认同这些形式，而是要将它们转化并为己所用，它同样通过解辖域化将欲望从神话和悲剧文本限定的实际结构之中解放出来，但却急急忙忙地塞进一个早已预备好的隐秘结构之中，这就是弗洛伊德先从神经能量理论中拯救了自由的力比多，然后转过头去就将力比多植入家庭三角的复杂运作之中的过程。一方面，为了将欲望解辖域化，欲望的客观结构被主观化和抽象化，"主观抽象的欲望，就如同主观抽象劳动一样，与一种解辖域化的运动密不可分。这种运动于在表象的框架内仍将欲望或劳动限制在某个特定的人、某个特定的客体之上的具体规定性之下,发现了机器及其代理者之间的相互作用。"(AO 357)另一方面,被解码为主观力比多流动的欲望被解读为必然服务于无限的主观表象(infinite subjective representation/représentation subjetive infinie),这种主观表象就是梦和幻想。正是在梦和幻想中,自由流动的量化和质化的力比多必然向着某种可辨认可解读的隐藏结构收束,自由的肯定的质性被固定在家庭表象中固定的消极的质性。因为尽管欲望的本质只能通过被给予的表象进行解读,本质本身却并不是表象,精神分析所尊崇的梦的解析只是使得表象本身被扭曲了,却没有怀疑本质与表象之间的本性差异。这就好像我们每个人的体内都存有先祖灵魂的碎片,当进入睡眠——这个意识最为模糊的状态时,灵魂开始向我们低语,试图使最古老的心灵结构得以显示,只不过由于梦的移置和凝缩,信息被打散,似乎只能等到在"清醒过来后"以拼凑与复原的方式进行解读。梦如同现代人的通灵,我们已经进化到不需要古老的世界之树,也不需要神秘的献祭仪式和魔法药水,只需安稳地进入梦乡,欲望的结构自会向你显现和揭露。因此,精神分析远非挣脱了欲望的表象,而是将有限的表象以无限的形式内化为欲望运作服从的内在规律,将客观结构阐释为主观倾向,将一个欲望结构的先成论的卵植入欲望之流中,因为神话和悲剧现在被重新阐释为梦与幻想的进一步发展和投射。这也就是为什么资本主义不存在什么整体的表象,而是被无数的微小表象充满。

正是在这一点上,精神分析与资本主义的操作达成了最一致的契合。精神分析对解码的欲望之流进行的限制与资本主义对解码的资本之流进行的限制如出一辙。"马克思这样对一切进行总结,资本主义发现了主观的抽象本质只是为了将这种本质再次植入链条之中,将其奴役和异化——确实,不再是在作为客观性的外在且独立的元素之中,而是在私人财产的主观元素之中。"(AO 361)人们认为资本主义通过将劳动从特定的工作模式中解放出来将自由给予了劳动,人们不需要一生被限制在一块土地上劳作,一辈子用农作物去换取其他生活必需品,而是变得可以在市场上贩卖自己量化的劳动力直接赚取作为一切商品等价交换单位的货币。然而劳动力的解放并没有带来人性、尊严和价值的解放,如今,私有财产的数量作为新的衡量方式决定了人与人之间的等级关系。这也就是德勒兹和加塔利为什么说在资本主义中本质上只存在一个阶级,即作为解码和解辖域化力量的资产阶级,因为资产阶级用财产数量的原则粉碎了贵族统治的血缘和权力及地位世袭的质的原则,而无产阶级只是在资产数量上少于资产阶级,社会阶层原则上变得可流动了。然而,资产阶级丰富的原始积累使得他们可以投资工业资本使得财富源源不断自我复制,无产阶级只能通过不断在市场上出卖劳动力才能维持最低限度的生存,难以实现资本的积累。要实现资本主义所许诺的阶级跃升,努力工作是不够的,更重要的是幸运和时机,要么是个人的运气,要么是时代的风向,两者缺一不可。所以资本的解域之流实际上再次导向隐秘的再辖域化,一种新的主体化形式被商业资本和金融资本合取生产出来。由此,私人领域或家庭领域被孤立着塑造出来了,获得了虚假的自主性。俄狄浦斯情结不仅将社会关系抽象为家庭关系,将社会对欲望的压抑简化为伦理和道德的定则,从而将压抑隐秘地内化到每个人的思想之中,还在于将欲望生产在社会领域内的直接投注这一动态过程抽象为父母与孩子之间的等级关系这一静态逻辑顺序,从而让对欲望的压抑毫无阻碍地沿着家庭的世代传递无中介地被再生产出来。只有社会关系才能生产出特定的家庭,脱离了其背景的家庭关系呈现为飘浮在空中的投影、一个纯粹拟像,幻想着具有了自主性和独立性,于是单纯的结果幻想着自己成为了原因,被封锁在家庭内部的精神问题呈现出了无限倒退(infinite regression/regression infinie):"父亲必然曾经是孩子,但只能是他父亲的孩子,他父亲曾经也是孩子,属于另一个父亲。"(AO 325)就如同每个人尽管首先属于社会,再属于家庭,但由于造成精神问题的社会问题在精神分析中隐身了,那么问题就一定是由父辈的行为,或至少是父亲在家庭结构中起到的象征性作用导致的,而父辈又必然曾经是孩子,所以他的问题又一定是他的父辈造成的,如此下去无穷尽。精神分析就是这样好像用绿幕抽掉了表演攀岩的特技演员正在攀登的岩石一样,左脚踩右脚回到了欲望结构那虚构的起源神话。

资本主义是偏执狂和精神分裂症共存的社会,也是偏执狂式投注和精神分裂式投注共存的社会。偏执狂和精神分裂的意义不再局限于临床意义上的神经病症,而是对欲望生产和社会生产的态度,取决于欲望生产到底是被资本积累和增殖所蛊惑,在编码或公理化中成为单义的欲望流动,还是不受任何限制直接注入社会生产,保留自身的多义本性。偏执狂式投注是专制国家机器的典型特征,强制规定欲望投注的形式,而之所以资本主义仍然呈现出偏执狂投注的特征,是因为资本主义在内部保留了原型国家帮助它更好地通过再辖域化来管理社会分散的欲望。偏执狂投注又可以看作偏执狂机器和奇迹化机器的一种联合,因为它既限制欲望的投注方式,又使得欲望显得本身就是从这种限制中产生出来的而且只有限制才能使欲望得以可能。然而吊诡的是,大多数情况下人们不会意识到这种限制的存在,即使意识到也不会有很大的反对，反而接受甚至是全身心拥护这种限制——这种限制实际上符合大部分人的想法和需求，人们将其看作达成愿望和目标的简单方式。偏执狂式的政权只是专横，却决不昏庸，尤其是对于资本主义来说，它不会任着性子将任意一种欲望生产方式作为自己的原则，为了国家的存在和发展和国内外需求的满足，这种生产模式必须能够满足大部分人的需求。德勒兹和加塔利用"选择"（sélectionner）一词来形容这种克分子结构形成并固定下来的方式。选择的过程并非完全随机的，而是遵循数学上所说的大数原则，即统计学上的稳定性。由于克分子本质上是由分子构成的，所以克分子结构赖以合理化自身绝对首要性的方式毋宁说是由大部分人的倾向拟合出的欲望方式达成的，只不过它反过来将这种大部分简单地化约为全部，将统计学上的高频率理解为每个个体的绝对真实，将近似的一简化为绝对的一，从而反过来规定了所有人的唯一追求。

我们同样不能认为统计学上的累积来自偶然，或者认为其只是随机的结果。这种累积反而是选择对偶然元素施加力量的成果［……］作为标记或铭刻的选择性过程的"文化"实际上创造了它所作用的大量个体。因此，统计学并不是功能性的，而是结构性的，它涉及的是那些通过选择已经被置于部分依赖的现象链（马尔可夫链）［……］换言之，群居形式从来都不是无关紧要的：他们只会通过创造性选择生产了他们的特定形式。顺序不是：从群居性到选择，而是想法，从分子繁复性到施行选择的选择形式再到由这种选择产生的克分子或群居性集合体。（AO 410）

问题不在于被选择的文化或是进行选择的文化（这两者对将自身标榜为文明真理的文化来说是一致的）满足了大部分人的利益，或资本主义满足了大部分人的自由和消费需求，而在于它们忽略、压抑并消灭了与众不同的小部分人，或者说消灭了我们每个人内部不符合文化普遍需求的那部分。克分子的狂妄就好像对于一个个体来说，一个被满足的需求就等于他或她的全部需求，而对于一个群体来说，大部分人的需求就代表了所有人的绝对需求；整体的稳定总是以排除局部的波动为代价的。这正是为什么德勒兹和加塔利坚决认为偏执狂投注这种力比多投注与法西斯主义关系密切。如果说偏执狂投注在多种社会形式之中都或多或少起着作用，那么不仅与之相关的法西斯主义就不再是世界历史上的一个偶然污点，而是一个难以逃离的必然事件。德勒兹和加塔利拒绝将法西斯主义在二十世纪的出现及其长时间占据的统治性地位看作一个意外，就好像纳粹党仅仅是迎着时代的浪潮才成为了饱受政治经济内忧外患蹂躏的德国的救世主，而希特勒是凭着他极具毒性的领袖魅力用政治哄骗和意识形态谎言把全体德国人民笼罩在暗无天日的黑暗统治之下。纳粹政权压迫了德国人民，造成了政治、经济和人权的重大危机，这不假，但是认为纳粹政权仅仅是通过压迫来达成统治的，人们的恶行都是不得已而为之的，是"平庸之恶"，这就忽略了那些纳粹党员们和受纳粹蛊惑的公民在建立和维持法西斯政权中起到的关键性作用，也将人性和欲望的本性看得太过简单了。

法西斯主义并不涉及利益，或者说不仅仅涉及利益，同时且最主要的是欲望的问题。"欲望永远不可能被蒙骗。利益可以被蒙骗、忽视和背叛，但欲望不会。由此有赖希的呼号：不，大众并没有被欺骗,他们欲望法西斯主义,人们必须解释这一点。"(AO 306)在一开始,法西斯主义是利益的问题:希特勒向民众承诺能带领经历了第一次世界大战的德国从颓势中走出来,恢复德国往日的荣光。这时,法西斯主义向人们许诺的是政治利益和经济利益,来吸引和团结大众。但这种与利益的关联仅仅是表面的,在问题的最深层仍然是欲望在起着作用:法西斯主义许诺的不仅仅是他们当时想要的,而是说无论人们想要什么,法西斯主义都能提供,或者更准确地说,法西斯主义能够提供的就是人们想要的——它用各种手段吸引了人们的欲望,而不只是利益,因为在资本主义社会的社会投注形式之中,私人财产之间的抽象量的差异被转化为权力关系的质性差异,而法西斯主义正是这种权力最暴露最不加掩饰的操演。这一点更加显示出,即使是在这种最极端的资本主义权力统治下,欲望生产也是直接向社会领域投注的。"事实是,性无处不在:正如官僚抚弄着他的档案,法官执行正义,商人让货币流通;资产阶级玩弄(encule/fucks)无产阶级;如此如此[……]希特勒挑逗起法西斯主义者们的性趣。旗帜、国家、军队和银行让许多人都性致盎然。"(AO 348)尤其是我们考虑到当法西斯主义无法向人们提供利益时通过塑造而非满足欲望来让人们主动且狂热地参与其中,甚至是那些被纳粹政权压迫得最严重的,却仍想付出一切支持党卫军大清洗计划的种族主义者们,或是那些怀着悲痛的心情把自己的孩子送上前线,却坚定地认为自己在为德意志帝国的光荣做出不可磨灭的贡献的父母。在这个过程中,人们并非被动地服从,而是在欲望层面上主动迎合并认同了自己的奴役。"我们看到那些在社会中处于最劣势地位,最被排除在外的成员,反而充满激情地投身于那个压迫他们的体系,他们总是能在

这个压迫他们的体系中**找到**利益,因为他们就是在这里寻找并衡量利益的。利益总是后来出现的。"(AO 415)

福柯在他为《反俄狄浦斯》撰写的前言中将这本书称为"通向非法西斯主义生活的引言",是"一部伦理学著作"。这正是因为与德勒兹和加塔利一样,福柯同样看到了当今的社会中不仅有以利益之名压迫个人欲望的行为,更有通过操弄欲望引诱人们放弃利益的行为,并且这类行为在民主与专制混合体制的国家中屡见不鲜,尤其是在国际反法西斯战争结束后打着文明与解放的旗号深陷阿尔及利亚战争的法国和陷入越南战争泥沼的美国。如果说法西斯主义是资本主义最恶劣的形态,那么资本主义社会仅仅是温和的、粉饰的、美化过的法西斯主义罢了。问题不在于创造一个所有民族主义者都能找到能够为非作歹的民族辖域的国家,而是维护一个所有人在其中都能安心地做自己的世界公民的解码领域。如果人们不仅放任资本主义与专制政权的暗中勾结,反而因为它们大肆宣扬虚伪的自由就将它们当作救世主拥护赞美,我们就永远无法真正摆脱充斥在生活每一个细微之处的微型法西斯主义。

与精神分析所代表的偏执狂式投注相反,代表着精神分裂式投注的分裂分析与任何一种特定的社会模式都处在对立之中。面对作为大地的身体、作为暴君的身体和作为资本的身体,分裂分析对之以纯粹的无器官的身体并付之以轻蔑的一笑,因为社会体总是带有特定形式的无器官的身体,而纯粹的、裸露的(nude/nu)无器官的身体拒绝任何形式,或者说它以无形式或无限的形式作为自己的形式。分裂分析是所有社会形式的外部极限,但它特别是资本主义的外部极限,因为资本主义在这个令其感到恐惧的绝对不可触及的外部极限面前所进行的以公理化为特征的对内部极限的持续不断的移置实际上是一种躲避和逃离,这一方面说明了分裂分析的毁灭性,另一方面正说明了资本主义尽管不情愿承认解码流内部蕴藏的革命性潜能,却必须认识到它的危险。面对这头由它从牢笼中释放出来的洪水猛兽,资本主义不敢将它归还到荒野之上,而是在社会景观式的古罗马竞技场上为它加上锁链,资本主义一方面想要利用这种无限潜力,另一方面只能通过不断扩建高墙的方式在它面前表示谦恭的退却。

如果想要超越,或是在某种意义上清除和取代精神分析,分裂分析就必须以另一种方式治疗现代社会中确实存在的精神病症,德勒兹和加塔利将这种治疗方式称为"刮除术"(curettage/curetage)。刮除术意味着分裂分析不仅要刮除这些病症,更要刮除制造并分类了这些病症的精神分析本身,即意识到社会压抑和精神压抑的相同本质,并且从这些镣铐中同时挣脱开来。因为如果我们每个人本来都应该是固执地追寻着自己欲望的精神分裂者,那么就是社会对欲望的压迫将我们对压迫的不服从转化为疾病,而精神分析不但没有揭露这一点,反而还与对欲望采取最精妙最难以觉察的压迫方式的资本主义同流合污,让我们认为那些非人道的压迫实际上来源于我们自己,是对我们精神内部那些最肮脏冲动的合理约束。分裂分析将这些合理化的训诫全部揭露为谎言,通过揭露社会为我们营造的美好幻象之下潜伏的汹涌暗流和残酷现实,分裂分析给予人们真实地面对生活和自己的勇气,这正是分裂分析的批判性任务:彻底刮除精神分析因为建立错误的联系而固定下来的那些概念,彻底逆转精神分析提出的那些不恰当的问题,以便使得我们能够以截然不同的方式理解我们自己。这些不恰当的概念不仅包括欲望的本质,更包括主体的概念与地位、家庭与社会之间的关系、欲望生产与社会生产之间的关系、解码之流的本质,如此等等。"在其破坏性任务中,分裂分析必须尽可能迅速地进行,但与此同时,它也只能抱着极大的耐心和谨慎来推进,逐步解构主体在其个人历史中所经历的各种表象性的辖域和再辖域化。"(AO 379)也就是,以迅雷不及掩耳之势超越精神分析设下的障碍和陷阱,拒绝被精神分析内在融洽的分析绕进逻辑的陷阱。再说一遍,精神分析从某种角度上来看并没有错,因为精神分析师所进行处理的资料并不是幻象和谎言,而是每个人都必然生活在其中的社会活生生的现实,但他们错在将现实当作真理,将表象当作本质。我们无法苟同,全社会乃至全人类的幸福可以被一条规则或者一个规则系统所概括,我们更加无法苟同原始的欲望要通过否认、转化和升华才能起作用,但我们最无法苟同的,正是法西斯主义,这个打着国家复兴和民族复兴的旗号,以"善意谎言"粉饰自身的虚伪政体,不仅诱骗并且压抑了人们的欲望,还将欲望诱导至极乐乌托邦般的幻想之中从而全然忘记自身。分裂分析从不想要为人类的需求和幸福找到一个最终答案和最大公约数,因为如此功利主义的幸福观必然使得大部分人似是而非的幸福建基在少部分人的极端痛苦之上。当然,分裂分析同样不会宣扬让少数人的幸福建立在多数人的痛苦之上,不过是相信每个人有在不反感别人正当权益的前提下追求独属于自己的幸福和满足的能力和权利。精神分析坏笑着:相信我吧,把你的精神安心交给我,我会给你提供最终的解决方案。而分裂分析高喊:只有你自己最了解自己!除了自己,谁都不要相信!分裂分析最终寻求的不是一个等级森严整齐划一的同一性共同体,而是一个类似于海德格尔所说的"共在",或布朗肖所说的"斩首的共同体",或者德勒兹和加塔利所说的根茎式的无约束社会,每个人都无需参照一个绝对的中心来衡量自身的价值,而是通过不断地凝视自身、剖开自身、审视自身并且肯定自身在权力意志中找到自己的意义,确定自己的阐释意志在以自身为视点的世界图景中起到的统领作用。"分裂分析是对主体内部无数(n)种性别的可变分析,超越社会强加于主体之上的拟人化表象,社会正是用这种表象来表征自身性态的。分裂分析为欲望革命给出的口号将首先是:给予每个人自己的性别(à chacun ses sexes)。"(AO 352)

精神分析和分裂分析的对象是相同的,均为无器官的身体,具体而言是在充盈着无器官的身体这自行组织的内在性平面的,自发地、无目的地、盲目地以寻求吸引的方式进行连接的、奔涌着的欲望的解码和解域之流。区别在于,精神分析把确定欲望的结构奉为主旨,将欲望机器的产物当作其源泉,并尝试将混沌的无器官的身体作为社会体固定下来,在表面上看起来毫无规则可言的解码流之下挖掘内在不变的形式化本质,而对于分裂分析来说,不存在任何能够进行同一化、整体化和约束的预设,它秉持实证主义的态度,力求将每一条解码流都当作不可化约不可整合的绝对个体,并对诸多独异的过程做出纯粹的描述。如此看来,精神分析是从分裂分析的内部衍生出来的暗面,是分裂分析绝对无法摆脱的影子。由于任何本质都要通过现象才能得以辨认,精神分析和分裂分析都是从我们仅有的社会生活呈现出的现实景象中辨别出欲望本质的尝试,然而精神分析的谬误在于,它认为欲望的本质结构在现实中仅仅是被拆散了,分析师只需要通过完整的现实切面打散为可分离的元素,再通过细致地将这些元素按照某种机制组合起来就可以让欲望的本质按照其原样重见天日。另一个更深的谬误在于,精神分析过早过快地将从一个具体情况中推导得出的结论推广到所有情形之中,认为它普遍适用于所有的场景。或者说,精神分析在未确定可规定性或规定条件(被压抑的欲望的表象)的情况下,就通过规定性(俄狄浦斯情结)规定了未规定者(欲望的本质)的普遍性。然而分裂分析则不同,它秉持的原则是:尽管欲望会以某种姿态呈现在现实行为当中,但这种呈现不能不经过特定的变形和转化达成,因此要想理解欲望的本质,就必须从一个绝对的未知之地出发,重构差异化的生产过程,对于这种生产过程来说,它的机制和产物是严格异质的。然而这片未知之地不是绝对的起源,因为在这里未构成可辨认形式的欲望之流早已经在一片原始混沌之中进行剧烈的能量交换了。如果说精神分析是考古学,认为用文物刷和洛阳铲就能让文物的原貌重见天日,那么分裂分析就是微观物理学、生物学和数学,它的工具是马尔可夫链,这使得生产的动态过程从原材料到最终产物的每一个单独步骤中都需要根据新的中间产物与其新环境对接下来的步骤做重新评估。如果说精神分析是地理学,那些远航的探险家穿越时空隧道的目的是找到地球上人类文明得以起源的第一片土地,那么分裂分析就是地质学。在精神分析师们充满狂喜地在他们发现的第一片土地上插上俄狄浦斯帝国的三角旗向世人宣告他们对这片新-旧-大陆的主权之时,分裂分析的信徒们同样忠于这片土地,尽管是以另一种截然不同的方式。他们不紧不慢地跪倒下来,双手伏地,把眼睛紧贴在大地的表面,缓缓说道:看啊,在这片你们认为是绝对稳固的始源之地上早就有过占领的痕迹,但不是捕猎、野炊,或居住的痕迹,而是纯粹存在的痕迹,更是存在尚未进入存在时生成之风的尾巴扫过空气在大地上投下的斑驳——大地自己占领了自己。正是这些非人的能量流动形成了你们认为是基石的绝对起点;难道这不正说明了,远古的大地是汹涌的大海,而且现在大海在大地的内部涌动?人类是大地之子,但必定先是海洋的后裔!查拉图斯特拉如是说!

分裂分析的建设性任务

如果说分裂分析的破坏性任务或批判性任务关系到对错误观念的绝对拔除,那么建设性任务或正向任务涉及的就是正确观念的建立和阐释。尽管德勒兹和加塔利将批判性任务和建设性任务分离开来,但它们并非一个完整计划前后相继的两部分,好像我们必须先拆除再建构。实际上,第四章的五个小节中并没有任意一小节以批判性任务为题,在第三节"精神分析与资本主义"(*Psychanalyse et capitalism*)之后,紧接着就是第四节"分裂分析的第一个建设性任务"(*Première tâche positive de la schizo-analyse*)和第五节"第二个建设性任务"(*Second tâche positive*),但他们确实在文本中明确提到分裂分析需要将超越和消灭精神分析赖以作用且深化的各种幻想作为己任("分裂分析的破坏性任务是……"),而且在对两个建设性任务的讨论之中,他们也从未停止对精神分析的破坏和批判。将拆解和建立割裂开来,很容易让我们想到有些人对广义上的后现代主义或狭义上的解构主义的批判,他们认为以德里达为首的法国后现代主义哲学家不过是以晦涩难懂的文字包装枯燥乏味的理论,划时代的创新也不过是不怀好意且极尽所能地批判正常社会赖以维系的各种思维模式,却不给出任何能称得上是解决方案的代替。因此,在这些批评者看来,这群知识分子和叛逆青年没什么两样,同样玩世不恭、毫无责任感,只想通过抱怨自己受到的不公来攻击社会建制,把自己装点为与众不同的思想者,实际上就是哲学、思想乃至社会的"搅屎棍"。然而,任何真正了解德里达思想的人都不会认可这种谬论。尽管我们无意在此深陷对德里达哲学的讨论当中,但仍必须指出,德里达那种不厌其烦地追问所有人习以为常的基本假设的态度,并非对传统的不敬或知识的挑衅,而恰恰是对真正的知识的绝对忠诚。正是这种忠诚,使他对人们不求甚解地接受的"绝对真理"所充斥的内在矛盾感到愤怒和不可思议,并对这种未经质疑的接受感到深深的诧异。这种勇气,或者说愚笨,甚至是苦修,是那些缺乏怀疑精神和批判能力、对任何根基性的挑战幸灾乐祸、盲目追随共识(common sense/sens commun)或意见(doxa)的人所永远无法理解的。不过我们至少认为,对于欲望机器这个概念来说,它对精神分析的批判和解决方案是浑然一体的,欲望是肯定地凭借着自身的生产性本质批判匮乏假说的,它的批判就是建构本身。"但分裂分析的批判性或破坏性任务并非可以与其建设性任务相分离——所有这些任务必然同时进行。"(AO 384 - 385)只不过,这种"解决方案"并非是照搬精神分析框架,装模作样地小修小补,再炮制一个大同小异的替代理论,然后宣称自己的优越性——好像理论的发展就如同电子产品升级,只需不断进行版本迭代。反言之,分裂分析给出的答案就是没有特定答案,一切都有赖于欲望的自主性、强度和速度,以及欲望生产的蛮横、浮躁与跳脱。这种不受控制、横冲直撞的自我表达中蕴含的创造性的无限可能与彻底的革命性远远不是一个苍白无力、滞涩空洞的目标设定或管制体系所能够覆盖的。

第一个建设性任务

"第一个建设性任务包括在主体中发现本质,他的欲望机器的构型或运作,独立于任何阐释。你的欲望机器是什么,你将什么东西置入这些机器,机器运作的产物是什么,机器如何运作,你的非人性别又是什么?分裂分析师是一个机器师(mécanicien),分裂分析是运作式的。"(AO 385)简单来讲,分裂分析首先涉及从欲望的生产本性出发对主体等概念的全方面颠覆。

克分子集合体与分子繁复性之间的区别并不在于在两者本质相同的情况下,一个以固定形式作为自己的体制,另一个以自由流动作为自己的体制,还在于在两者之中构型(formation)与运作(fonctionnement)之间的关系。在分子态模式中,由于生产的产物与生产过程不可分离,产物并非作为生产的目的存在于具体的生产过程之前,因此"没有结构同一性或任何预成的机械性内部连接",而且"运作与构型在分子之中仍然混合在一起"(AO 342)。而对于克分子态模式来说,构型脱离了运作,自身赋予自身价值,并且构型被认为是指导运作的准则,使得运作为自己所用。在这个意义上,德勒兹和加塔利区分了两种运作或者两种功能主义。"所有克分子的功能主义都是错误的,因为有机机器或社会机器并非以它们被构成的同样方式运作的,而且技术机器也并非是以它们被使用的同样方式被装配的,而是准确地暗示了将它们自身的生产从它们的确切产物那里分离的特定条件。"(AO 342)明确欲望机器的生产性,就意味着剥开社会机器为自身规定的虚假的功能和运作,发现使得其产物得以可能的真正的、分子式的、直接的欲望机器的投注。

以此为基础,德勒兹和加塔利重申了多个早在之前就已论述的概念,来展示分裂分析如何倒转精神分析对欲望的理解。

1. 欲望生产的客体不是符合特定概念和身份的事物和个人,而是以不可还原的碎片形式存在的部分客体。塞尔日·勒克莱尔(Serge Leclaire)用"性敏感身体"(erogenous body/corps érogène)概念,认为人的身体首先是无数个能够接受刺激的敏感区域,而非是一个将所有的刺激形式整合到对身体信息加以统合的大脑,因为大脑能够处理神经信号并对刺激加以判断,率先且直接被影响的永远是身体的不同部位。"……指的不是碎裂的有机体,而是前个体和前个人奇异性的散发,纯粹发散且无政府式的繁复性,没有统一性也无总体性,这些元素被实在的区分或连结的缺席本身焊接和粘贴在一起。"(AO 387)所以无论是进行感受的身体部分,还是刺激身体的外在对象,都凭借自己本身获得存在和活动的意义,部分客体是"无意识的分子功能"(AO 387),结成一个欲望机器的各部分是不同的部分客体,进行连接却不统一或固定下来,因此尽管一个欲望机器可以被看作是一个器官,这些器官就其本质永不一步到位地隶属于形式确定的有机体,而是在持续的解体和再连接中生成种种运作的新功能,因此无意识可以被看作产物不固定的实验性活跃工厂,有着难以预料的创造性。在此过程中,无器官的身体容纳着脱离连接并准备好进入另一种连接的部分客体,因此反生产是实际上内化于生产的能动作用,因此无器官的身体与部分客体并非是对立的,而是两者均对立于有机体的形式。这样,"部分客体是无器官的身体的直接力量,而无器官的身体是部分客体的原材料。"(AO 390)

2. 精神分析是培育内疚和良知谴责的宗教,精神分析师是资本主义的牧师。在欲望生产的内在性或分子性运作中,如果部分客体的连接能够被看作具有新功能的器官的诞生,作为反生产无器官的身体就代表死亡,但死并非生的对立面,而是生与再生的可能。精神分析将具有创生性的混沌视作毁灭性的混沌,并将无器官的身体看作保护性的表面将生与生的条件隔绝开,并且为连根拔起的生虚构了一个形式性条件。向死而生或因死而生转变为贪生怕死,死亡的体验或模型转变为死亡本能,"从内部升起的死亡(在无器官的身体之中)转变为从外部降临的死亡(在无器官的身体之上)。"(AO 394)尽管塔纳托斯和爱若斯是共同调控人类行为的双重本能,但塔纳托斯代表的危险的无机状态,即纯粹的死或不再存在,使其更倾向于被理解为自毁的力量,生命是从对死亡的关照中吸取教训,而非汲取养分。在这个模棱两可的死亡本能的影响下,无意识的力比多的终极目的被阐释为不受控制地寻求自我毁灭,这不仅将自我定义为与无意识对立的、神志清醒的意识形式,还使得力比多但凡要想得到保留,就必须被扭曲和压抑,俄狄浦斯情结就在此时作为管束力比多的、表象自我(ego)的形式出现了。因此,德勒兹和加塔利将俄狄浦斯情结的出现称为"双重堕胎,患病的欲望的双重阉割"——因为首先对死亡作用的错误理解使得无意识或力比多的本性被误认,而这进一步导致了俄狄浦斯情结家庭关系对无意识的程式化压抑。死亡本能内化了恐惧,使得人们按照精神分析的引导管控自己,唯恐释放出自己的毁灭之力,因此与资本主义合谋批量生产了一群适宜剥削的僵尸(zombis),在那些公理化的要求面前,他们只会怀疑自己的苦修和告诫是不是不够虔诚,这是一群"受凌辱的精神分裂者,合格的劳动力,被理性驯服"(AO 401)。现在,资本主义不再用神话和悲剧来呼吁人们听从统治,而是藉由精神分析在人们心中树下难以逃脱的监牢。"在编码被解除的地方,死亡本能掌控了压抑装置,开始主导力比多的流动。丧葬式的公理。人们可以相信被解放的欲望,但这些欲望就像尸体一样,以影像为食。人们并不欲望死亡,但人们所欲望之物已经死亡:影像(des images)。"(AO 337)

3. 主体并不是主导欲望,而是被欲望所决定而产生出来的效果。偏执狂机器中无器官的身体对欲望机器的排斥与奇迹化机器中无器官的身体对欲望机器的吸引并没有被最终解决并且导向欲望的稳定状态,而是被单身机器以合取的方式所协调并使得这些感觉和情感以纯粹强度性状态得以保存。力比多首先被转化为铭刻性的神圣能量(numen),再被转化为被主体完满消费的享乐欢愉(voluptas)。然而在这两种转化之中,无意识力比多的本性并没有被转变或升华,而是不变地呈现为分子式自由流动的能量。这也就是为什么编码只有在克分子体制的角度来说是固定不变的形式,在分子繁复性的角度来看,编码只是欲望机器部分客体进行连接的过程中必然出现的伴随形式,因为任何流的连接必然呈现为特定的形式,但这种形式不是永久不变的。因此,尽管伴随着编码,流会起到意指的功能,但这一功能并非如同在专制国家机器中被规定的一样是编码流的本性,因为神圣能量的本质仍是力比多。"无意识的意指链,即神圣能量,并非用于发现或解读欲望的编码,而是正相反,是为了让彻底解码的欲望之流——力比多,得以流通,并在欲望中发现那颠覆所有编码、瓦解所有辖域的力量。"(AO 392-393)同样,精神分裂式的解码欲望之流总会挣脱死亡本能的形式化现实,转回到作为模型或经验的死亡,使得反生产重新为生产提供动力,所以享乐欢愉也不会固定主体的同一性形式,而是不断地在形式化的限制之下重新发现运作着的欲望机器,以及作为效果的游牧主体。"作为相邻部分的主体总是引导者体验的'某人'(on),而非接受模型的**我(Je)**。模型本身也不是**我**,而是无器官的身体。而且**我**只有通过模型向着新经验重新开动之时才与模型重合。"(AO 395)在分子繁复体中,就如同构型与运作不可分离一样,模型与经验也不能分离,而被从实在的经验中分离出去的模型才能被称之为抽象的本能。最终,德勒兹与加塔利用一段话总结欲望机器的三重综合与三种能量内在性运作的结果:

> 这就是欲望机器,由三个部分组成:运行部件、静止的引擎和相邻部分;三种形式的能量:力比多、神圣能量和享乐欢愉;以及三种综合:部分客体与流的连接性综合、奇异性与链条的析取性综合,以及强度与生成的合取性综合。分裂分析师不是阐释者,更不是剧场导演,他是机器师,微型机器师。(AO 404)

归根结底,分裂分析的第一个任务在于以崭新的方式构想主体,这种主体就是作为运作机器相邻部分的游牧主体。无意识的本性等等一系列分裂分析关注的问题都可以在游牧主体身上得到解答。游牧主体从不在意是否有一个确定的身份,它甚至排斥任何明确的身份,因为这会妨碍忘我地投入到新一轮的感受之中,只有不断更新的强度性感受才是它存在的方式。这也就是为什么德勒兹和加塔利会引用兰波的诗句呼吁我们安于成为社会的边缘人,"我和你不是一类人,我永远属于劣等种族,我是野兽,是黑人。"(AO 329)从而对立于偏执狂投注对特定身份的狂热与痴迷,"是的,我们是一类人,我是优等种族、优势阶级。"(AO 329)而且劣等种族并不就因此将自己封闭起来,用私人家庭空间将主流社会隔绝在外,将主流社会留给占主导地位的优等种族,就好像优劣高低的划分造成了社会领地的彻底分割。相反,受压迫的德裔犹太人和自诩雅利安超人的欲望都是同等投注于社会历史领域的(正如,在美国,蒙哥马利巴士联合抵制运动所展现的黑人与白人围绕公共座位权利的斗争),后者只是更招摇罢了,因为没有人在被他人压迫之后就乖乖缩回自己的一亩三分地,甘愿成为别人豢养的奴隶,而是持续不断地在社会领域角力,但归根结底是为了他们的欲望自由不被压迫。在利益之下最核心的永远是无意识的力比多投注,是欲望驱使我们追寻利益。只有在生成-少数(becoming-minoritarian/devenir-minoritaire)的永恒倾向之中,我们才能确保最真实的自己和内心深处的毫无顾忌的童心和游戏性不被特定身份的约束所泯灭,也不会轻易地成为压迫者和忘本的得势者。生活中这种屡见不鲜的自我约束会让我们行事充满顾虑,更会让人们变得虚伪。学历和职位并不能体现人的真实能力,比如领导并不一定就比手下的员工懂得更多,但有些人会将职位在社会系统中所代表的等级差异赋予他的某些特权等同于在做人和能力方面本质上的优越性,然后以此为借口打压和歧视在名分上低他一头的人。与其说这种行为是出于得势之后的猖狂,不如说是出于得势之后的顾虑和自卑,他担心自己实际上没有别人优秀的事实暴露出来成为别人的笑柄,所以就不择手段地维护自己地位的优越,确保其行为符合自己的身份。同时为了防止露怯,他会装作自己真的比别人懂得多,所以不会再学习,也对别人的建议充耳不闻,因为学习反而会暴露出他什么都不懂的事实。就这样,有些人仗着自己的身份沽名钓誉招摇撞骗,成为外强中干还爱指点江山、颐指气使的讨厌货色。与之相反,游牧主体将自己置于相对于中心的边缘,他看不上那种一定要在主流体制中寻找身份认同的幼稚行为,只是认为每个人最首要的任务其实是认识自己。难道一个人可以通过在社会身份的默认规定中来寻求认识自己吗?难道一个素质低下说谎成性的人只是因为侥幸通过了某次考试成为了教师,就瞬间变得品德高尚无私奉献了吗?难道高学历人群就一定是人中龙凤,在各个方面都自动比其他人优秀吗?这显然是荒唐至极的。但我们同样不能重铸一个金钱的系统来代替社会身份的等级制,用收入的多寡作为评判成功的唯一标准,因为这无异于资本主义用公理化倒转了原型国家的编码,表面上将人们从沉重的课税与恐怖的专制统治中解救出来,但是解码带来的实际上是最隐秘的再辖域化,即资本的自我增殖和一切事物的等量交换之要求带来的以私人财产数量为准绳的主体化:上学就是为了找工作,说到底有本事赚钱才是最重要的,学习无用!这在精神分析师与患者之间被塑造出来的高度服从性的关系之中也可见一斑。表面上看,精神分析师对来访的患者有绝对的解释权,但,"如果你认识到他并不是无所不知的圣贤,而是跟你自己一样的迷途羔羊,那么你也许就会停止让自己的钱哗哗地往外白流不止。"[1]少数者或边缘者没有任何顾虑,反而将一切"应该"和"必须"看作明晃晃的谎言。对他们来说,唯一不适合的事情,就是背叛自己运转中的欲望机器。

评价只属于事物和行为,而非人的本性。谦虚的人仍然可

---

[1] 亨利·米勒:《性爱之旅》,刘万勇等译,时代文艺出版社,1996年,第303页。

以表现得狂妄,就像邪恶的人仍然有善良的一面。分裂分析反对过早地盖棺论定——将人简单地总结为一个形容词、一个身份、一种限制,可是总有人想要将自己等同于身份地位带来的特权来狐假虎威。难道我们的敬意是源于对某人身份地位的认可,而非其思想与行为本身值得我们尊重?评价总是评价,而不是定义;评价是引路标,而非障碍。我们需要将每一次自我评价和外界评价都当作转瞬即逝的状态,将主体看作欲望机器每一次运作的效果产物和相邻部分,而非代表着结束和定型(我是一个成功人士,今后我做的所有事情都必须是成功的,或者说我只能做那些注定会成功的事情才不会危及我的名声;你是一个成功人士,但凡失败一次就说明你是个冒牌货)。正如《千高原》中的语用学理论所揭示的:语言的首要用法不是传递信息,而是传达命令,即使是最纯粹的信息中仍然暗含有权力的运作。教师在教授一条规则的时候,不仅仅是中立地传达真理,而是要求学生将他们所说的当作真理,这一点在老师不仅想要传授知识,更想成为学生的人生导师的时候最为明显。[①] 没有人会因为自己的失败定型,也没有人在一次成功之后永远成功,但我们需要有足够的勇气将一切作为偶然肯定。游牧主体是尼采式的主体(AO 28),是作为永恒轮回的生命体验的主体(AO 396)。如果我们执迷于阿尔卡纳的神秘指引或企图在行星的轨迹中窥探命运早已写下的预言,那便是不负责地否认自己在独属于自己的一生之中的能动性,不仅美化自己的懦弱和懒惰,还将别人的成功归因于天赋或上天的眷顾。失败的人总是怨天尤人来聊以自

---

① 吉尔·德勒兹、费利克斯·加塔利:《资本主义与精神分裂(卷2):千高原》,姜宇辉译,上海人民出版社,2023年,第67页。

慰,他们低估了努力的作用,就好像成功的人总是把一次成功当作自己能力的体现,从而低估乃至忽视了运气所在。归根结底,分裂分析认为每个人只有通过只适合于自己的欲望和想法才能加以区分,但对自在差异的肯定同时使得人们无法被放进同一个系统里按照同一个标准进行比较,没有人绝对地胜过其他人,也没有人普遍地低于所有人,但就生活总是我自己的生活来说,我就是自己世界的中心:这才是真正的解辖域化,以及欲望、价值和人性的真正解放。"分裂分析的任务在于弄清一个主体的欲望机器是什么,它们是如何运作的,涉及哪些综合,机器内部产生何种能量爆发,存在哪些构成性的失灵,它们连接着何种流、何种链条,又在何种情境下促成何种生成。"(AO 404)

第二个建设性任务

分裂分析的第二个建设性任务关系到消除欲望机器与社会机器之间的虚假界限,明确欲望的力比多投注在一开始就是毫无中介地投入社会领域的,并且揭示克分子式的社会生产与分子式的欲望生产两者间体制的差异下隐藏的本性的一致。德勒兹和加塔利用四个论点来进行总结式的论述:

论点一:所有投注都是社会性的,而且无一例外地作用于社会历史的场域。(AO 409)

论点二:在社会性投注中我们将对群体或欲望的无意识力比多投注和阶级或利益的前意识投注加以区分。(AO 411)

论点三:社会领域的力比多投注相对于家庭投注的首要性,无论是从事实还是权利来看(tant du point de vue du fait que du droit):起初是一个任意(quelconque)的刺激,最终是一个外在的结果。(AO 427)

论点四：社会性力比多投注两极之间的区分：一面是偏执狂式的、反动的和法西斯式（fascisant）的一极，另一面是精神分裂式的革命的一极。（AO 439）

由于这四个论点之间的界限并不分明，我们就将它们放在一起进行解释。德勒兹和加塔利在此处重申：欲望生产无一例外地投注到社会的整体生产之中，而不会采取一种分离的方式将自身先行限制于私人领域，这个私人领域无疑是在人们试图将社会历史场域孤立为同一化的集体原则之后反向孤立出来的。因此，克分子集合体与分子繁复体之间的对立，毋宁说是克分子集合体内部的对立，即到底是将克分子集合体的本质看作是其固定结构自身还是构成克分子的无数不可控的分子运动。在后一种情况下，克分子与分子处在容纳性析取的关系中，而在前一种情况中，克分子脱离了生产和构成它的分子运动，并在这种脱离之中保护性地制造了形式的外壳，由此两者处于排除式析取的关系中。分子运动总是代表着社会的固定管控形式之中的逃逸倾向，就像克分子形式是对这种逃逸倾向作出的约束。逃逸并不是消极的逃避，因为分子无意识本身就是生产性的，同样在社会之中，如果采取精神分裂式的思想方式，那么承认自己的欲望并用这种对自在差异的肯定对抗社会的规训，本身就既是批判又是建设，既是否定又是肯定，因为肯定实际上是先于否定的，否定只是强力肯定的一个必然结果。所以在面对那些道貌岸然的既得利益者时，我们并不会感到愤怒或气馁，只是有一种微妙的同情和鄙夷，因为我们凭借自己的肯定之力得以看清他们是如何深陷于这个平等地压迫和剥削一切弱势群体的有毒系统之中——他们大概率也曾是被排挤的一方，却在"熬出头"之后迅速成为既得利益的卫道士，而且他们总是把自己的人生经历当作所有人必须服从的模板：天天就会挑别人的不是，怎么不想想对你的好？真是不懂感恩的白眼狼！与其天天对这个不满对那个不满的，还是学着接受你所处的环境，顺应社会更现实更聪明吧；话说到底，你们嘴里天天喊着推翻这个破坏那个的，不就是因为你们压根不知道自己想要什么，只能通过一种笼统的不满和反对来表现自己与众不同吗？这些胡搅蛮缠的无力批评之中确实承载着愚蠢和顽固。

但是从某种意义上来说，他们的辱骂并非没有道理，因为这个世界上确实存在一些人只是因为对自己的现状忿忿不平才觉得这个世界有负于他，但他们并没有任何真正肯定自己的勇气，只是想当然地认为自己说的都是对的。这些充满了怨恨和毒素的蜘蛛，他们斗争的方式是把自己打扮成受尽欺负的可怜虫以求取别人的同情，他们的革命就是打砸抢的发泄，却丝毫没有建立新世界的美好理想。可但凡某天有人让他们成为有钱人或有权有势的人，他们定会在恩主面前跪拜，转眼间就跟他们骂的那些人没两样，却丝毫不在意社会的结构性压迫远远没有缓解。因此，德勒兹和加塔利提醒我们区分两种革命形式——前意识的革命和无意识的革命。前意识的革命指的是人们仍然只是为了争取自己的利益而战，他们想把自己替换为现在社会上享受利益的那些人，所以原来的社会并没有被彻底改变，只是被另一个相似的系统代替了，这样的革命永远不会成功。毕希纳的《丹东之死》生动地描绘了一场类似的革命如何在未竟之时便悄然失败。在法国大革命时期，以丹东为首的革命党人尚未真正改变社会结构，便已沉溺于奢华和享乐，浑然不顾人民依旧处于贫困和饥饿之中。他们所宣称的革命不过是换了一批人来享受旧贵族的特权，远未根除贵族体制的根基。而与此同时，罗伯斯庇尔在圣鞠斯特的谗言与煽动之下,推行恐怖统治,利用民众的革命激情,以更多的鲜血浇灌革命之花,却只是打着革命旗号排除异己。而那些被裹挟的民众,实际上并不关心革命的真正目标,他们为生计而偷抢掠夺,又在罗伯斯庇尔的号令之下将自己视作革命的正义之师,在断头台前聚集围观如沉迷于狂欢的看客。在德勒兹和加塔利看来,这些都是前意识革命的典型特征。对于资本主义来说,只要主体化是以私人财产的形式生产的,只要革命者无法粉碎这一计量形式,那么就总会有一个阶级为了自身的利益成为大部分财产的所有人,从而使革命的结果成为统治阶级的简单轮换。资本主义诞生时带有的粉碎贵族政治的革命性力量因为其前意识构型最终导致了原型国家寄生于资本主义内部,与象征人类终极解放的未来相比,资本主义在内部孕育了最隐秘的怀古主义和乡愁。而且资本主义与法西斯主义如出一辙:一方面,资本主义用利益作为诱饵压迫人们的欲望;另一方面,资本主义宣扬对经济体制无私的爱与奉献,劝阻占有利益的自私行为,使人们自愿成为庞大的资本机器的一部分来压抑欲望,不仅对于那些难以获得利益的边缘人物是如此,对于那些能够赚取利益的人来说也是如此,他们同样被提倡怀有一种对看起来甚至是有生命的资本运动的无私的爱:"哦,准确地说,资本家不是为了他自己或是他的孩子才工作的,而是为了系统的不朽。"(AO 415)所以资本主义一方面是极致的放荡,一方面是完全的苦修,自由之流的强力(force)被资本系统的甜言蜜语转化为有特定目的和目标的权力(power),人们无处可逃。这也就是为什么哈特和奈格里提倡以"共同品"(the common)的概念来构想走出资本主义全球化帝国的道路,共同品实际上指的就是无法被任何个人也不能被任何集体占有的财产或物品,比如数字文件和自然资源。

与之相反,无意识的真正革命应从欲望而非利益出发。但凡革命者们还在喋喋不休地谈论诸如正义和平等概念的重新定义,或者让某某群体得到应得的利益,革命就仍然被限制在前意识的领域之内,作用于利益的在群体间的流转。如果人们意识到,意识形态问题所代表的社会历史领域实际上与欲望机器的生产与投注共有一种本性,而且只要人们将一切社会问题都理解为意识形态问题,人们就永远无法逃脱被克分子固定形式化的体制,人们就会发现解放欲望才是革命的关键。"革命者们总是忘记,或不愿认识到,人们总是出于欲望而非义务才渴求并且进行革命的。"(AO 412)德勒兹和加塔利同意马克思的论断,即基础-结构(infra-structure)决定上层建筑,但既然资本主义在他们看来是建基于对一切事物普遍的可计量化与经济和资本绝无可能逃离的管控上,那么认为经济基础(infrastructure)决定上层建筑仅仅是描述了事实,缺乏爆破这一现实的真正解放力。正因为是欲望被简化为利益,进而被简化为一切等量交换的衡量单位的经济和资本,利益才代表了隶属于克分子体制的固定形式的力比多投注,同时欲望才正应该被看作解放的源泉。(AO 413)我们也总是看到利益是如何引导欲望并且固定欲望的,但我们也同样可以看到欲望是如何不能被简单地等同于利益的。这在代际差异导致的消费观念冲突间最为明显,年长的人总是斥责年轻人将自己的欲望置于利益之前,质问他们为什么不把钱存起来,或是用在更重要的诸如结婚和抚养孩子这些更"重要"的事情上,而是浪费在各种没用的事情上,比如毛绒玩具、游戏、旅游或者下饭店等等。由于年长者的提问方式很明显是把利益置于欲望之前,意识到欲望是如何难以抗拒的年轻人们根本无需解释,因为他们完全不理解满足欲望的简单行为背后为何会牵涉到如此精明且复杂的考量,只需要说:我这么做只是因为我想做,而"我想"本身就是一个充足的理由了,无需援引社会现象或者其他人的想法。反而在年轻人眼中,那些明智的选择实际上是悲惨至极的,因为那些人压抑自己欲望的方式是如此炉火纯青,他们根本不知道怎么对自己好一点。

正因如此,现存的革命和他们眼中真正革命形式应该严格区分开。德勒兹和加塔利毋宁是以一种激进的方式宣称,现存的革命全都缺乏真正的革命性,因为革命的结果使得社会又再次屈服于特定的社会形式。只有欲望机器式的分子革命才称得上是真正的革命。"断裂是发生在社会体内部的,因为它(即无意识的革命)有能力使得欲望之流沿着积极的逃脱线流转,并且沿着生产性截断的断裂使它们再次断裂。"(AO 416)不仅如此,欲望机器的分子式运转和力比多在社会历史领域的直接投注使得欲望机器成为一切社会生产形式的最基本组件。"分裂分析最普遍的原则是,欲望对于社会场域来说始终是构成性的。无论如何,它属于基础结构,而非意识形态。欲望如同在社会生产中那样内在于生产,正如生产如同在欲望生产中那样内在于欲望。"(AO 416)正如为了思考能够真正推翻而非改良资本主义的革命的可能性,人们必须跳出经济和利益的迷宫把欲望作为逃脱路线,为了思考欲望的真正解放,人们必须要将欲望从匮乏的噩梦中拯救出来,恢复它的生产性本质。

德勒兹和加塔利将服从前意识革命性的群体和服从无意识分子革命性的群体分别叫作被支配群体(group assujettis/subjugated group)与主体性群体(groupes-sujets/subject-group),主体意味着与被支配状态相对的未被支配和自行支配。这两个术语应当归功于加塔利,而加塔利的发明显然受到了萨特的影响。在《辨证理性批判》第一卷中,萨特区分了并合中的群体(groupe en fusion/fused group)和有组织的群体(groupe statutaire/statutory group)。简单来讲,在并合中的群体中,人们由于共同目标,比如特定的利益和实践的需要,或出于抵御外部危险的需要,自发聚集起来,没有等级性和组织性,是一个松散的联合,而有组织的群体则是形式得到确定、发展和复杂化的群体,领导人、法规和明确的组织以及等级体制出现了。加塔利把被支配群体定义为"从外部接受法律",受外部规则的指引从而附属于外部,而主体性群体则是"给予内部法律的假设"而且"自我建立的",积极探索自身,寻求自我定义[1]。我们可以分别将并合中的群体与主体性群体,以及有组织的群体和被支配群体对应起来,尽管对于萨特来说这两个群体之间的差别远比这复杂。在《反俄狄浦斯》中,德勒兹和加塔利对这两者进行区分的方式是:被支配群体体现出的革命性永远是处于前意识之中的,是为了奴役和粉碎欲望生产,从而将一切欲望投注附属于新的目标和利益,也就是说,被支配群体的革命性仅仅体现在它想要成为新的领导阶级;而主体性群体本身的力比多投注就是革命性的,因此属于无意识领域,意图否定和驱散一切妨碍能动的欲望得以肯定的形式和系统,主体性群体要推翻的不仅仅是现存的领导阶级,而是推翻领导所代表的现存等级体制本身,让欲望寓居在毫无限制的解码流构成的内在性平面上。(AO 452 -

---

[1] Félix Guattari. *Psychoanalysis and Transversality: Texts and Interviews 1955 - 1971*. Trans. Ames Hodges. Los Angeles: Semiotext(e), 2015. p.64.

453)被支配群体属于黑格尔的主奴辩证法,因为尽管主人和奴隶的地位不断地通过确定自我意识的承认的斗争相互颠倒,但是奴役的关系结构并没有改变,成为主人的必定也要再次成为奴隶,而主体性群体属于尼采的主人道德,真正的主体是先肯定自己的行为是对的,而与他们相对的则是低下的、卑劣的。在主人道德之中,主体自己才是一切判断的源泉,而无需将一个对立面当作否定树立在自己的面前才能做到肯定,因此他厌恶和反感一切用公共利益和共同目标的形式锁链约束和压抑欲望的行为,因为主人将其看作奴隶道德的表现。然而,就像主人道德被奴隶道德所吞噬,最终成为内疚和同情之轮的一环一样,或如同奴隶脱离了被主人承认的需要,发现了创造过程中的自我承认这个最高级的肯定形式之后从主奴辩证法中脱离出来一样,被支配群体和支配群体之间的区分也是非常脆弱的,两者可以互相转换。由此,分裂分析的一个目标就是维持分子式革命的绝对性,以免激进的革命转化为改良主义或修正主义,并且维持欲望潜在的不断重组以及利益的现实性之间的不可通约性。

资本主义正是通过花言巧语弱化了利益和欲望之间的区分,并且虚构了欲望生产和社会生产之间的本质差异,就好像维持表面上的公平,它必须新凿开一个沟壑来弥补被填平的另外一个沟壑。资本主义和马克思主义同样赞美劳动,二者区别在于马克思认为劳动是人的类本质,正是通过劳动这种有意识的生命活动来改造对象和改造世界,人才能真正证明自身的类存在状态和存在价值。因此德勒兹和加塔利将这种劳动形式称为欲望与劳动的同一也不是不可理解的,因为劳动是根据自发的欲望进行的,没有被束缚于工业生产中特定的形式,劳动的目的也不首先是满足资源的匮乏。"但欲望与劳动的同一性不是神话,相反,这恰恰是最为积极的乌托邦,它指明了资本主义要被欲望生产所超越的极限。"(AO 360)而资本主义鼓吹劳动和奋斗创造美好生活,是煽动人们尽可能多地出卖劳动力转换为工资收入,劳动力和收入之间成正比例的多劳多得是建立在资本从人们身边夺走了生存资源,通过将生产资料转化为工业商品的形式制造匮乏,再通过定义劳动换取货币和购买力来填补这种匮乏的基础之上的。所以,与其说资本主义赞美劳动和提倡劳动,不如说它是强迫劳动和压榨劳动:通过将自由自觉的欲望的劳动转变为被规定的利益形式和维持生存的最低要求,劳动对于人来说成为不得不履行的任务,成为可怕的惩罚和苦役,而类本质转变为仅仅维持生存的手段。这就是劳动的异化。人们纷纷幻想着逃回家庭这个温馨港湾之中,但是由于他们出卖劳动就是为了供给家庭的生计,所以一旦人们放弃将自己作为可出卖的劳动力在市场上公认剥削,家庭就难以维系,不仅如此,资本主义又派出精神分析,用一套乱伦的家庭关系学说侵入可交换可增殖的资本无法直接影响的私人家庭领域,控制了资本主义假惺惺地为人们预留出来的最后一片净土,以至于人们在资本主义中腹背受敌、进退维谷。

这就是为什么弗洛伊德的力比多转化假设是错误的——因为创造性的劳动,即自由的欲望生产,是直接关系到人与自然界和社会之间的关系的,而非先在家庭领域内呈现为违背道德的性冲动,再被升华为构建文明和社会的动力。在德勒兹和加塔利看来,一切社会斗争、阶级矛盾、家庭戏剧和精神问题的本质都在于欲望而非利益,这不仅是因为无意识没有任何特定形式、没有任何目的也不认识任何身份,更是因为只有社会生产是欲望生产的直接延伸,是欲望生产的麇集从宏观视角观察的形象,而家庭关系是社会生产回过头来压抑欲望而导致的一个逆像和投影，一个其统治性之所以存在是因为人们希望以如此方式被解释的场域。因为这样一来，大家的生活轻松无比：一切都是原生家庭的缘故。这是否太简单太理想化了？就算将视角对准家庭领域，我们也会发现家庭关系的本质是社会关系，家庭内部的角色是由社会关系生产出来的，而非隔绝于社会领域之外的。母亲不仅是孩子得以诞生的生命原初场所，更是要负担起众多繁重的家务、孩子的抚养以及大大小小一切家庭事务的伟大女性；父亲不仅仅是象征着沉默的威严的权力化身，更是要深入资本主义的剥削机器中为家庭获取资金来源的冲锋陷阵者；而孩子，不再仅仅是同时受制于原始混沌与认同以及社会规则的三角中心，更是其未来需要社会共同培育的祖国的花朵。在传统的家庭形式中犹是如此，在现代社会中由成功女性和全职父亲组成的家庭之中，我们很难认为在经济事实上失去了话语权的父亲仍旧承担起在古老的俄狄浦斯情结中被给予的责任，而将父亲和母亲的角色简单调转更是显得荒唐至极。然而令人讶异的是，现在仍有许多家庭是由好吃懒做却天天幻想挥斥方遒的父亲和勤劳善良却隐忍付出的母亲组成的，这算不算精神分析不仅与资本主义联合在人们的心中培植了这些刻板印象又与父权制联合确保了这种印象能够永久持续下去的又一例证？

在资本主义社会中共存的社会力比多投注的两极，就是偏执狂式的一极和精神分裂式的一极。偏执狂式的一极将欲望生产附属于社会统治形式，将欲望生产的社会产物与进行生产的欲望生产分离，而精神分裂式的一极将特定的社会形式附属于欲望生产过程本身，恢复欲望生产对于社会形式的核心构成性。从精神分析或分裂分析的角度出发，这两极分别是维护俄狄浦斯情结之控制的被支配群体,以及想要绝对地挣脱任何框定精神和欲望之形式的主体性群体。从革命的角度出发,就是以利益为主导的前意识革命和以欲望为主导的无意识革命。从体制与本质的关系出发,就是克分子排除了分子的社会的体制性理解和克分子由分子运动构建而成的本质性理解等等。

在全书的最后,德勒兹和加塔利特别指出,分裂分析不能作为指导原则用于阐发任何政治计划,因为欲望分子运作的本性就是拒绝任何特定的政治计划,一旦计划定型、组织成立并复杂化、群体的目标和利益被确定,革命的革命性就会迅速转入前意识领域,从而失去真正的颠覆性。我们可以看到,在两位作者看来,没有任何一种可以看作是一劳永逸的革命方案,而且革命就应该采取没有固定形式的游击战才最为有效,必须"具体问题具体分析",因为对每一个不同的人、不同地点、不同时间,欲望的运作都会完全不同。只要欲望机器尚在运作,我们的问题就在于探明它是在如何运作,而不是急于确定它的本质,而且认为这一本质会不会一直保持不变,进而为了这种简易的永久性损毁正在活生生运转的欲望机器。说到底,欲望的革命不是针对任何特定社会的革命,而是针对普遍压迫与压迫形式的革命,只要有统治者就有压迫,无论这个统治者是个人还是集体。

分裂分析并不为任何特定的个体或群体发声,而是平等地为所有人发声。它既关注那些在社会现实中遭受压迫、被剥夺权利的底层群体,也同样关心那些在人们眼中看似成功,却在日复一日的角色扮演中感到窒息和疲惫的个体。然而,如果整个社会只剩下两种人:一类是那些大腹便便、安于现状、不思进取的既得利益者,他们沉醉于特权带来的舒适与便利,不惜一切手段维护自己的高枕无忧,却从不曾真正思考自己究竟想要什么,甚至将良知抛诸脑后；另一类是那些眼红的暴徒，他们口口声声痛斥社会不公、权力腐败，仿佛对社会变革满怀激情，但一旦机会出现，他们便不顾一切争夺权力，只为坐上自己曾经批判的那个宝座——那么，分裂分析便不会为任何一个人发声。

后　记

在全书的最后,让我们回到两个关键词,即"欲望"与"解放",来总结《反俄狄浦斯》的主要观点。

1. 欲望的解放意味着不再将欲望理解为匮乏,而是理解为一种生产性的机器。作为欲望机器的欲望在生产过程中总是自主进行着生产性的连接,这种连接不遵循任何外部的、先行规定的和不变的规则,而是总要根据特定的欲望寻求不同的满足;不仅如此,欲望的生产性同样意味着它不会被限制于特定的连接之中,而总是生产着新的机器关系,也即进入和之前的连接不同的连接之中。与之相比,匮乏总是之后出现的状态,是被没有满足的现实所决定的,但这并非意味着欲望总是欲望着那不可能之物。

2. 欲望机器不是属于欲望的机器,也不是容纳欲望的机器,而是进行着欲望的机器(desiring machine/machine désirante)。当然,从某种特定的角度来说,我们当然可以说这架机器是"属于"欲望的,因为它是有关于欲望的。但形容"机器"的"欲望"一词的动词形式要强调的并非一种名词性的静态归属,而是进行-生产的动态性。

3. 欲望的解放就其在连接时无预设的特点来讲是随机的,但就欲望欲望着自身的满足这一点来看是有明确指向的。当我们在说欲望的自主性特点时,并不是说欲望像一个没头没脑的疯子,作为一股难以管制的能量四处乱窜,想怎么连接就怎么连接,比如我们不能因为认为欲望是自主的和不受规定的,就认为我们想喝水的时候实际上吃了东西这一点是没有问题的。欲望的自主性和生产性并非指欲望不受决定,而是指欲望不受一个抽象的、孤立的、不变的和预先存在的规律所决定,但欲望同时也受制于一种决定,一种最为"审时度势"和"随机应变"的决定,仅被某一瞬时状态所处的环境因素所决定。这又回到我们所说的自由的问题上:自由不是想做什么就能做什么,因为这种"自由"实际上对应的是四处乱窜的无头苍蝇的状态,仅仅是对一种与受约束状态相对的报复性自由;真正的自由是能做自己想做的事,是被环境决定和推动着的自己的行为和自己的意志之间的契合。

4. 欲望的解放就其解码流的性质而言是绝对的,但是就其体制而言是相对的。因为我们尽管能构想一个绝对解码的状态,但绝对解码实际上对应的是欲望机器所代表的任何连接的断裂。德勒兹和加塔利所强调的解码仅仅是相对于编码而言的,也就是说相对于确定的连接方式而言的,这种解码仅仅意味着将欲望从一种被规定的连接模式中解放出来,并且重新赋予被编码和超编码以及公理化所抑制的自由不受预设的多样可能性。从某种程度上说,这也就是为什么资本主义的公理化模式使得分裂分析得以可能。一方面,资本主义通过对解码流进行公理化,从而将欲望从编码和超编码所代表的那种严格和直接的管控模式中解放出来,公理化管控的灵活性同样从另一个角度来说意味着颠覆的灵活性。然而另一方面,解码一定是要相对于某种程度的连接而言的,不存在纯粹的解码,因为绝对的逃逸线意味着死亡。

5. 欲望的解放并不意味着我们需要做什么事情去把欲望

解放出来。现实的斗争在德勒兹和加塔利看来总是克分子化的,对利益的强调总会使得解放运动迅速再辖域化为占据权力关系的个人或组织发生变化但权力关系本身丝毫不受影响的新现实,而真正的革命是分子革命,只有凭靠分子性的无意识,人们才能在日常生活的行为时间和思想方式中驱散那种微观法西斯主义,这也就是为什么分裂分析不能够成为任何现实政治运动的纲领。欲望的**解放**仅仅意味着**欲望**的解放——这并非意味着思想的转变就严格等同于现实的改变,而是意在说明现实的改变不可脱离思想的转变,不可脱离对欲望本质的重新构想所支撑的对心理问题和社会问题的变革式思考。

当然,我们仍旧可以说《反俄狄浦斯》所支持的"分裂分析"本质上不外乎是一种知识分子不切实际的幼稚病。如果在读过《反俄狄浦斯》的少数人中只有一部分人能够并且愿意成为欲望革命的一分子,加之分裂分析所依赖的正是思想方式从下而上的、普遍的和整体的转变,那么这部分人所呼吁的分子革命如何可能呢?愿意高喊"我宁愿不"而到华尔街进行静坐示威的人毕竟是少数,至少有某些人会将这种罢工或者示威视作自己趁虚而入赚取利益的手段和机会。只要这些工贼依旧存在,并且与资本主义效率优先和利益优先的体制达成契合,那么分裂分析者就确实永远被排除在社会的边缘,这种边缘不是德勒兹和加塔利所赞颂和认同的优势位置,而单纯是一种被排除在外或者斗争的失败。能够彻底解放欲望的人也总是少数,在现代社会中,人们仍然过着没有意义没有幸福的日子,这种可量化的生活仍旧会把解放欲望当作愚蠢之举;在面对经济危机之时,大家也都知道省吃俭用明哲保身,因为毕竟在连生存都成问题的时候,解放欲望又有何用呢？而且，将欲望与压抑对置，并且去构想欲望那未被压抑的本性，这种颠倒实际上并未逃离从压抑角度构想欲望的思想方式，也就是说并没有从根本上逃离"压抑假说"的模式，而这是福柯同德勒兹的主要思想分歧所在。

确实，如果仅仅采取一种生产性的欲望观，并用连接和配置等术语来说明欲望的具体运作模式，这总有一种避重就轻之嫌，因为这相当于另辟蹊径，而不是直接面对一个复杂的现象给出解决方案。当然就我们看来，就德勒兹和加塔利将欲望定义为生产性的而非对压抑的简单反动这一点上来看，他们还是在某种程度上脱离了压抑假说。相比之下，福柯对权力配置（dispositif de pouvoir）所做的描述性分析就显得更为现实。当然，德勒兹和福柯关于欲望概念的分析从本质上来说是两人哲学思想的不同侧重点所导致的：德勒兹总是强调生成和流变，对他而言，权力总是作为第二位的限制因素出现的；而福柯则想要通过对不同领域的权力配置的分析来说明权力在限制性作用之外另一层更加重要的塑造性作用，因此权力总是相对于欲望，或者如福柯所说，相对于快感（plaisir）是第一位的。两者孰是孰非，显然没有一个标准答案，而限于篇幅原因，这个问题也并非我们在此要讨论的重点。只不过在对欲望的理解上，德勒兹和加塔利明显与福柯采取了两种不同的方式，因此我们不能将德勒兹和加塔利的观点奉为圭臬。[①] 除此之外，分裂分析似乎也并未超出它与资本主义之间的合谋关系，甚至好像更为彻底地

[①] 对于此点，读者可参照莫伟民《主体的命运》（上海三联书店1996年版）第四章"批判人类学主体主义（下）：人—知识—权力的产物"，以及张旭《哲学剧场上的德勒兹与福柯》（载《中国图书评论》2023年第4期）。

加速了资本的解辖域化,也即深化了以金融资本为统治工具的资本主义体制。这显然是一个德勒兹和加塔利并未给予足够关注的问题,因为他们对资本主义的分析更加偏重于通过公理化对欲望的压抑之上,经济问题仅仅是他们论证的一个方面。而尽管分裂分析确实有助于突破作为欲望压抑体制的资本主义,但是能否超越作为经济体制的资本主义,以及能够超越作为政治体制的资本主义建立另一种新的体制,就成为了一个遗留问题。如果我们满足于设想只要无理性计算的耗费式欲望能够使利益和效益优先的资本主义再生产体制破产,非中心化去等级化的平等共存关系能够自然取代官僚体制,那么我们只是用资本主义的否定来重言式地否定资本主义本身;而如果我们继续满足于认为具体什么样的经济体制和政治体制超越了或替代了资本主义根本不重要,因为比起思想方式的分子革命,现实的革命永远是克分子化的,那么这种论调也无疑是一种不负责任的推卸责任,尽管我们不得不否认,德勒兹和加塔利所说的分裂分析在某种程度上确实代表了人们对理想社会的向往。无论这种批判合理与否,如果"资本主义与精神分裂"确实意在指出精神分析与资本主义体制的合谋,而分裂分析被论证为可以突破这种合谋关系,那分裂分析到底有没有突破资本主义的能力就是一个我们不得不严肃加以考虑的问题[①]。

[①] 对于此点,读者可参照夏莹《劳动与资本:相遇的可能性与不可能性——兼论〈反俄狄浦斯:资本主义与精神分裂〉中的资本逻辑批判》[载《武汉大学学报》(哲学社会科学版)2024 年第 6 期]与夏莹《资本的金融化批判与精神分裂分析——解读德勒兹与伽塔利的〈反俄狄浦斯〉》(载《社会科学战线》2024 年第 5 期)。

这些反对和批判反而有助于我们更准确地把握德勒兹和加塔利的思想。他们毋宁是说，真正的革命潜力其实在我们每个人自己那里，真正的欲望革命是由下至上的，而关乎到每个人解放"自己的"欲望、发挥"自己"欲望的潜力，仅仅期盼一场外部到来的革命能够在一夜之间解决所有问题，这才是终极幻想，没有什么事情是一蹴而就的，如果某个人觉得什么事情是一蹴而就的，那只不过因为他并没有注意到一直以来都在进行的那种永不停歇的和艰辛的生产性转变罢了。如果人们期盼一场真正的变革，那么社会之中的每个人无一例外都要参与到这场转变之中来，而不能好像变革只跟那些所谓的"革命家"有关一样，"自己"坐享其成。之所以"自己"要打上引号，是因为这些欲望不是属于这些主体的，而是构成这些主体的元素，他们只能发现自己已经被感受和欲望推着前行，而且他们所能做的只有聚精会神随机应变，准备好应对不同欲望带来的每一个请示，尽量让自己不要违背自己的内心和直觉，而非如提线木偶一般麻木且无动于衷。当然，欲望的自由并不等同于为所欲为，摆脱限制并不意味着毫无限制，就像完全解码的流一样会堕入绝对的反生产，这种绝对的逃逸线会剥夺我们所有的能动力并将我们带向冷漠的死亡一样，自由绝非不受限制任意选择的消极自由，而是听从欲望的指示和引导、知道自己从自己心底真正欲求的是什么，并且有能力和条件满足这种欲望的积极自由。第一综合涉及到欲望的无拘无束，第二综合涉及到选择的自由，而第三综合落在感觉的重要性之上，那么整个欲望机器都是对我们身体潜力的挖掘：我们到底是应该任凭人们告诉我们应该做什么、必须做什么和做什么是对的，还是我们应该像第一次获得这具躯体一样，对它进行充满好奇心的探索。

解放欲望意味着将欲望从外界强加的束缚中解放出来,从而将欲望还归至那涌动的、敏感的、能动的去器官化的身体。我们不由得想起德勒兹用情动等概念加以阐释的斯宾诺莎的那句话,正是这同一个斯宾诺莎被德勒兹和加塔利援引着来表达为人类为自己的奴役而奋斗感到不解,为人类如此轻易地被法西斯主义所蛊惑而叹息:"没有人,真的,至今没有人知道身体能做什么。"[1]欲望机器试图告诉我们,我们身体能做到的最重要的事情,就是去欲望。去欲望,就是欲望的解放。

---

[1] 斯宾诺莎:《伦理学》,贺麟译,商务印书馆,1997年,第100—101页。第三部分,命题二,附释:"其实,身体究竟能做什么事,以前还没有人曾经规定过,这就是说,以前没有人曾经根据经验告诉我们,身体只就它是基于自然的规律而言,而且只就自然之被认作有广延的东西而言,不为心灵所决定,它能作什么事,或不能作什么事,因为没有人能够确切了解身体的结构,可以说明身体的一切功能。"